やってみよう！
NIMSの
材料実験

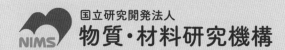

国立研究開発法人
物質・材料研究機構

アグネ技術センター

まえがき

　ここで取り上げる「材料科学」は，中学・高校で習う「物理学」と「化学」の両方の内容を含んでいる分野になります．例えば，材料を作り出すには精錬や合成には化学の知識が必要になりますし，実際に使うときには強度など物理的な考えが必要になります．私たちは多くの材料に囲まれて生活しています．それら材料は身近でどのように使われているでしょうか．例えば自動車を考えてみると，ボディ，シャーシ，タイヤなど，金属，セラミックス，高分子材料などの多様な材料で作られています．なぜその材料がそこに使われているのか．それには常に理由があります．一口に材料，金属といってもそれぞれに特徴があり，その特徴を生かしていろいろな製品が作られているのです．そして，そこにはおもしろい科学がたくさん含まれているのに，材料科学に着目した実験書籍はほとんど見当たりません．これがこの本を作ろうと思った大きなきっかけです．

　本書では簡単な実験から少し難しい実験，そしてさらに考えを深めてゆくには何を調べたらよいかなど，幅広い年代の皆さんにおもしろいと思ってもらえるような内容を準備しましたので，ぜひ多くの皆さんに本書の実験に挑戦してもらえればと思っています．どの実験もなるべく手に入りやすい材料でできるようにと，各執筆者が色々と考えて試行錯誤してできたものです．本書の中にはその試行錯誤の跡がみられるのではないでしょうか．なぜそこでその道具が使われているのか？　なぜこの手順なのか？ということも考えてもらえるといいかもしれません．もちろん，もっといい方法やおもしろいアイデアがあるかもしれませんので，皆さんも試行錯誤してもらえればと思います．物質・材料研究機構（NIMS：National Institute for Materials Science）が公開している動画のリンクも紹介してあ

りますが，私ならもっとおもしろい実験動画になるアイデアがあるなど，思いついたらぜひやってみてください．ですがとにかく，難しいことは抜きにして，できそうだなと思った実験を実際にやってみて，現象を楽しんでもらうことでも十分です．そして，もっとやってみたい！ と思ったらより深い内容の解説と難しい実験へと進んでもらえればと思います．

解説には大学で勉強する内容も含んでいますので，すでにいろいろな科学実験の経験があるという高校生でも楽しんでもらえるのではないかと思います．そして，最初は材料なんてわからなかったという人がおもしろく実験を進めていったら結構深い疑問がわいてきたとなれば，さらにうれしいと思っています．ここまでくれば研究者への道に乗りかかっているといってもいいのではないでしょうか．教科書で読んだよという内容でも，実際に実験をすることで必ず何か別の発見があるはずですし，同じ現象であってもその理解のしかたは人それぞれです．皆さん自身の視点でその何かを発見してもらえればと思っています．

本書の構成ですが，まず第1章では熱伝導，磁性，誘電率などの物質の基本的な物性を取り上げます．第2章では構造材料としての金属の強さを取り上げます．金属を強くするにはどうしたらよいかその理由を考えます．第3章ではこれらの材料を使って鋳物とモーターを作ります．最後にあとがきとして，NIMSでこれまで行ってきた体験学習について少しだけ紹介します．

本書の内容は，雑誌「金属」（アグネ技術センター）に2018年9月号から2019年6月号まで「やってみて初めてわかる材料の不思議」として連載した内容を整理して，一部改変・加筆したものです．それでは材料・金属の不思議の森へ分け入ってみましょう．

執筆者一同
2021年1月

目　次

COLUMN

実験の準備と注意

　ここに載っている実験はどれも，危険な道具や化学物質を使うものでは
ありません．十分安全に行えるように考えていますが，それでもいくつか
の注意点がありますのでそれを守って安全に実験をしてください．

　まず，ライターなどの火を使う実験がありますのでやけどには十分注意
してください．また，金属は，色が変わっていなくてもまだかなり温度が
高いことがあります．そのまま机の上に落としたりすると机が焦げたりし
ますし，すぐに触るとやけどをします．実験は不燃シートやアルミホイル
などを敷いた上で行うことと，加熱した後で金属を触るときにはその前に
必ず一度水に浸けて冷却してください（小さなバットに水を張って用意し
ておくといいでしょう）．また，金属線をニッパーなどで切ると，切り口
が鋭くとがっていることがあります．金属の切り口は，研いだ後の包丁と
同じで思ったよりも鋭くよく切れますので，手など切らないように注意し
てください．

　そのほか，それぞれの実験で特に注意してほしいことは，各実験項目で
説明してありますので，実験をする場合には，それらにも気を付けて安全
に実験してください．

第 1 章　材料の基本的な性質を調べてみよう

　第 1 章では物質が持つ基本的な性質について考えます．物質には多くの性質がありますが，ここでは 3 種類の物性を取り上げます．1.1 節では物質の中の熱の通りやすさを表す熱伝導率です．応用として熱電素子の実験も行います．1.2 節では磁石の強さと関係する磁性です．磁性の変化について幅広く実験を行います．そして 1.3 節では電気を貯める能力と関連する誘電率です．実際にキャパシターを作ります．それでは実験を始めましょう．

1.1 材料の熱伝導

　熱の伝わりやすさを表す物性は熱伝導率です．この熱伝導率が大きいと熱を伝えやすい材料であることを意味しており，プラスチックでは 0.1 W/m/K 程度であるのに対して，金属は熱伝導が良く例えば純ニッケルでは 100 W/m/K 程度になります．しかし，一言で金属といっても種類によっては熱伝導率が大きく異なります．ここではその違いを実際に体感してみましょう．

実験 1　コインで熱伝導を調べてみよう

　まずは身近にある金属を取り上げて熱の伝わり方を実験します．使うのはお財布を開けると入っている硬貨です．日本のコインに使われている材料は次の通りです．

　　1 円玉：純アルミニウム，

　　5 円玉：黄銅(真ちゅう，銅と亜鉛の合金)，

　　10 円玉：少し亜鉛とスズが入った銅，

　　50 円玉，100 円玉：白銅(銅とニッケルの合金)，

　　500 円玉：ニッケル黄銅(銅と亜鉛とニッケルの合金)．

このように硬貨はいろいろな金属・合金でできています．このほかこの実験に使えるものとしては旧硬貨：金貨，銀貨，鉄銭などもあります．

　これらのいろいろな硬貨を氷に押し当てることで熱伝導を調べてみましょう．金属によって熱の伝わり方に違いはあるか体感してください．

用意するもの

　ここで使う道具を図 1.1 に示します．コイン(スプーンとかフォークなど，そのほか身近にある金属も試してみてください)，氷，氷の入れ物(発泡スチロールの入れ物やお皿など)，

実験方法

入れ物の中に氷をいくつか入れてください．図のようにコインを2本の指でつかみ，これで図1.2のように氷に軽く触れてみてください．指が冷たくなったでしょうか？

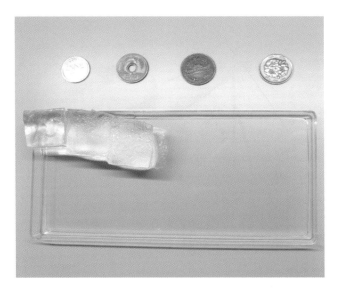

図 1.1　コインの熱伝導の体験実験で使うもの．

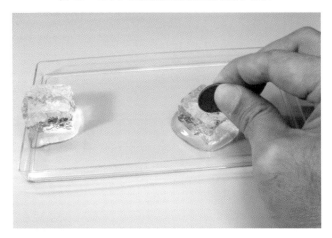

図 1.2　10円玉で氷を切断する様子．指の熱を氷に伝えるようにする．

次にもう少しコインを氷に押し当ててみてください．コインが徐々に氷の中に入ってゆくはずです．それぞれのコインで，氷の切れ方は違うか試してください．

■ 切れているのか？ 溶けているのか？

　この実験で氷を切っていると徐々に氷があまり切れなくなってくると思います．その場合には，つかんでいる指を変えてみてください．また氷が切れ始めるはずです．切っている時に指先で感じる冷たさはどうだったでしょうか？ 切れているのか，溶けているのかを考えるにはこれらがヒントになります．

　それでは正解ですが，この実験では包丁のように氷を切っているのではなく，指先の体温が硬貨に伝わり，その熱で氷が溶けています．コインの代わりに，木やプラスチックなどの熱を伝えにくい材料を使うとこの違いがよりはっきり表れるので合わせて試してください．

　この実験でアルミニウムでできた1円硬貨を使った時はどうだったでしょうか．アルミニウムも比較的熱を通しやすい金属なので，まあまあ切れ味が良かったのではないかと思います．このアルミニウムの熱を通しやすい特性を利用して，アイスクリーム用のスプーンが市販されています．これは手の熱をスプーンに伝えてアイスクリームを溶かすことでスムーズにすくい取れるようにしたものです．少し高価になりますが，銀製のナイフやフォーク，スプーンは，さらに熱伝導率が高く，銀食器を使うとスープなどの熱は手に伝わりやすくなります．

■ 銅よりもすごい物質がある

　では，身の回りの物質の中で一番熱伝導がよいものは何でしょうか．金属の中で熱伝導率が良い順番は1位：銀，2位：銅，3位：金です．それでは，さらに範囲を広げて金属だけではなく「物質の中で」で考えてみてください．この答えはコラムを見てください．

やはりダイヤモンドが一番すごい？

　一般に格子振動による熱伝導は自由電子による熱伝導に比べ小さいのですが，この原則に当てはまらない物質も存在します．それはダイヤモンドです．金属元素の中で一番熱伝導率がいいのは銀ですが，ダイヤモンドは銀の10倍の熱伝導率を持っています．純粋なダイヤモンドは絶縁体なので自由電子は存在しないため，銀のように自由電子により熱が伝わるわけではありません．ここで，ダイヤモンドの特徴である硬さを考えてみてください．ダイヤモンドが硬いのは，ダイヤモンド結晶中の炭素原子同士は sp^3 の混成軌道という強い共有結合を作っており，強く結合しているからです．そして，原子同士が強く結合している場合，端の原子が熱で温められて大きく振動すると，それが強い結合を介して素早く隣の原子へ伝わります．すなわち，電気を通さないダイヤモンドが熱をよく通すのは，原子の振動が素早く伝わるからです．これを格子熱伝導と呼びます．

　このすごいダイヤモンドと見た目が似ている鉱石としてジルコニアなどがあります．これらを区別するためのダイヤモンドテスターという装置があり，これは熱伝導率の違いで見分けるようになっています．また，息を吹きかけて曇るかどうかで簡易な区別もできますが，これも熱伝導の違いを利用しています．それでも区別が難しい鉱物としてモアッサナイト（炭素とケイ素の化合物）があり，微妙な熱伝導率の違いで判別するモアッサナイトセンサーが使われています．

　実はこのダイヤモンドよりもさらにすごい物質があります．それはカーボンナノチューブで，ダイヤモンドよりさらに高い熱伝導率を示します．現在では，近年発見されたグラフェンという物質が最も熱伝導率が高く，ダイヤモンドの数倍になることが知られています．これらはいずれも炭素でできた物質です．実際にダイヤモンドを使って熱伝導の実験するのは難しいと思いますので，その代わりに黒鉛（鉛筆の芯）で試してみてください．ダイヤモンドの熱伝導は，NIMSの実験動画でも見ることができますので興味のある方はご覧ください．

いろいろな金属の熱伝導を体感しよう

　前節の実験では，氷の冷たさを感じる，氷を切ることで金属の熱伝導の違いを体感しました．次は冷たさではなくて熱を体感してみましょう．この実験で使う金属はこの後の章で出てくる実験にも何度も登場します．この熱の体感は，その実験の準備でもあり，後の実験を安全に進めるためにも重要な経験になるはずです．

用意するもの

　図1.3にここで使う道具を示します．鉄線，真ちゅう線，銅線，ステンレス線など．銅線は複数の線をよりあわせたより線ではなく少し太めの単線を使ってください．また，もしビニールの被覆がしてある場合には，被覆をはがして使ってください．ストップウォッチ，ろうそく，バット，ニッパー，ライター，金属線．

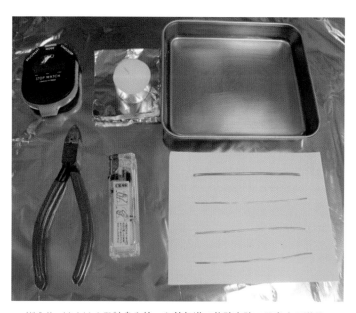

図1.3　いろいろな針金を使った熱伝導の体験実験で用意する道具．

実験方法

手順1 金属線を長さ7 cmくらいに切ります.

手順2 ろうそくに火を付け,すぐ横に水を入れた皿を置きます(図1.4 (a)).

手順3 金属線の先端から5 cmくらいのところを持ち,もう一方の先をろうそくの炎の中に入れます.この時,金属線は皿を置いた側から近づけるようにします(落とした際に,金属線が皿の上に落ちるようにするためです).火に入れると同時にストップウォッチをスタートさせてください(図1.4 (b)).

手順4 炎の熱が金属線を伝わり,徐々に指先が熱くなってくると思います.そして,熱いと感じたら,直ちに手を放して金属線を皿に落としてください.同時に,ストップウォッチを止めます.それぞれの金属線を使って,熱を感じるまでの時間を測ってください(図1.4 (c)).

(a) ろうそくと水を入れたバットを用意する.

(b) ろうそくの炎に針金の先端を入れて時間測定開始.この時に先端から5 cmぐらいのところを持つこと.

(c) 熱さを感じたら,手を放して線を水の中に入れる.この時にストップウォッチを止めて,熱を感じるまでの時間を測る.

図1.4 実験の手順.

■ 熱はどうやって物質の中を伝わるのか考えてみよう

　まず基本をおさらいしておきましょう．熱の伝わり方には「伝導」「対流」「放射」の３種類あります．それぞれ，次に，どうやって熱が伝わるのかを説明します．

伝導：物質の中を熱が伝わってゆくことです．次の対流とは異なり物質そのものは動きません．

対流：部屋の中でストーブを付けると空気が対流を起こします．ストーブで温められた空気は軽いので上昇し，冷たい重い空気は下に下がります．これは液体でも同じです．鍋でお湯を沸かした時に，鍋の底から上面の方向へお湯の流れが生じますが，これが対流です．この対流は，温度によって物質の密度が異なることが原因です（高温の方が密度が低くなり軽くなる）．このように，物質の移動（対流）によって熱が伝わります．

放射（ふく射）：放射は，離れたところに熱が伝わる現象です．ほぼ真空状態にある宇宙の中を太陽から地球に熱が届くのも放射です（厳密には，太陽からはいろいろな粒子が飛んできますのでそれによっても熱は伝わってきます）．伝導や対流には「熱を伝えるもの」が必要ですが，放射は何もないところでも熱を伝えることができます．熱を伝えているのは電磁波（光や電波もこの電磁波の仲間）です．

　これらの中で，ここで実験・体感したのは，「伝導」による熱の伝わり方です．

■ いろいろな物質の熱の伝わり方を考えてみよう

　ここでは物質の中をどのように熱が「伝導」してゆくのか考えてみましょう．例えば，同じ 20℃の物に触ったとしても，木材やプラスチックに比べて金属が冷たく感じられるのはなぜでしょうか．これも熱伝導率の良さから説明できます．金属のような熱伝導率が高い物質の中では熱が良く伝わり，手の熱がすぐに奪われてしまうために，冷たく感じます．一方，木材のように熱を伝えにくい物質では，手の熱は逃げず，冷たく感じません．

　金属と木材などの違いをもう少し考えてみてください．熱伝導のほかに，金属と木材にはどんな違いがあるでしょうか．いろいろ思い浮かぶと思いますが，ここで重要になるのは，電気伝導の違いです．金属はよく電気を通しますが，木材は通しません（乾いた木材の場合です）．この違いをもう少し考えてみましょう．

■ 金属が良く熱を伝えるのは自由電子があるから

　なぜ金属はよく熱を伝えるのでしょうか？　金属中には「自由電子」というものがあります．原子は，原子核とその周りをまわっている電子からできています．原子核と電子はそれぞれプラスとマイナスの電荷を持っています．金属の中では，これらの電子のいくつかは，金属結晶の中を自由に動き回ることができ，これを自由電子と呼んでいます．一方で，原子核にとらえられている電子を束縛電子と呼びます．実は，熱を伝えるという熱伝導と電気を伝える電気伝導には密接な関係があることがわかっています．ここで実験に使った金属線，すなわち固体の中で熱を伝えるのは，①自由電子と②格子振動（結晶中の原子の振動のことです）の 2 つがあります．これら 2 つのうちで，金属の中では，熱伝導と電気伝導に大きな役割を果たしているのは，自由電子であることがわかっています．ですから，金属同士を比べた場合，金・銀・銅のように電気を良く通す金属は，熱もよく通す傾向があり，これはヴィーデマン・フランツの法則と呼ばれています．電線には電気を良く通す銅が使われますが，エアコンの熱交換器などが銅でできているのは，熱を伝えやすいためです．

　金属中の電気伝導の大部分は自由電子によるものです．一方で，多くの

プラスチックや木材などは自由電子がなく，電気を通さない絶縁体です．しかし，自由電子のないプラスチックでも，金属に比べ2～3桁小さな熱伝導率ながらも無視できない程度に熱を伝えます．例えば，プラスチックや陶器の湯のみでも，熱湯を入れると徐々に熱くなるのを経験しているはずです．この熱伝導は，自由電子ではなく格子振動によるものです．余談ですが，この格子振動は物質の結晶を作っている原子の振動で，フォノンと呼ばれています（日本語では音子と呼びます）．原子が周期的に振動している振動を粒子ととらえる考え方で，これを振動の量子化と呼びます．

実験3　ペルチェ素子で冷却・加熱しよう

　前節では電気伝導と熱伝導が関連しているということを説明しました．この2つが関係する現象として「熱電効果」があります．この熱電効果には，熱が電気に変わるゼーベック効果と電気が熱に変わるペルチェ効果があります．ゼーベック効果はトーマス・ゼーベックが1821年に発見した現象で，2種類の金属の棒や線の両端をループ状に結び，その2つの接点に温度差を与えると，接点間に電圧が発生する現象です．ゼーベック効果と逆に，同じループに電圧をかけた時に接点間に温度差が生じる（加熱や冷却が起きる）現象がペルチェ効果です．これらの効果を示すものを熱電材料と呼んでいます．ここでは，このうちペルチェ効果を発現する素子（ペルチェ素子）を用いて，実際にこの効果を体験してみましょう．

用意するもの

　ここで使う道具を図1.5に示します．ペルチェ素子，電源（電池，ACアダプタなど），放熱器，放熱器接着シート．小型のペルチェ素子は通販などで安価で入手することができます．放熱器と接着シートはこの実験では不要ですが，後述の発電では必要になります．

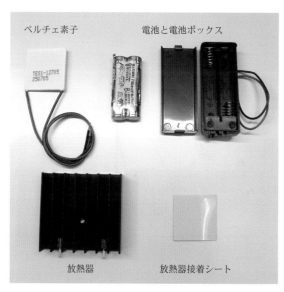

図1.5　ペルチェ素子の体験実験で用意するもの.

実験方法

手順1 ペルチェ素子に電流を流してみましょう．そして冷える面と，温かくなる面があるのを確かめてみましょう（図1.6(a)）．電池でも大丈夫ですが，消費電力が比較的大きいのでACアダプタなどの電源を使うとよいでしょう．

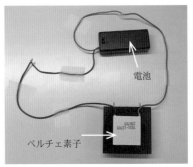

(a) ペルチェ素子と電源を接続した様子（赤と赤，黒と黒を接続している）．

手順2 図1.6(b)のようにつなぐ向きを逆にしてみましょう．この時に温かくなる面と冷たくなる面が逆になることを確認してください．この時に熱くなる側に放熱器（自作パソコン用など）を取り付けると，冷たくなる面がより冷たくなります．

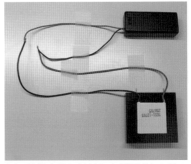

(b) 極性を逆に接続した様子（赤と黒の接続．

図1.6　実験の手順．

手順3 電圧を変えられる電源を使っている場合には，電圧とペルチェ素子の両面の温度の関係を調べてください．電圧と温度は関係があるでしょうか？　放熱器を付けるとどれくらい変わるでしょうか．

注意事項

必ず大人の人と一緒に実験しましょう．熱くなる側，冷たくなる側，どちらもやけどや凍傷に十分に注意しましょう．放熱器がない場合にはペルチェ素子に電流を流すのは短時間にしてください．ペルチェ素子の温度が上がりすぎて，壊れてしまう場合があります．ペルチェ素子の説明書には耐用温度が書いてあるのでそれを守ってください．

■ 電気を熱に変えるペルチェ効果

　ペルチェ効果を体験しましたが，このような現象はなぜ起こるのでしょうか．熱伝導の項で述べたように，金属中には自由電子があります．金属中の電子にはそれぞれ異なるエネルギーを持つ，「電子の居場所」があります．金属中の電子は，温度が上がると一部の電子はより高い「居場所」に移ります．その電子の分布（どの居場所に電子がいて，どの居場所にいないか）は金属ごとに異なります．図1.7の模式図のようにマンションで例えてみましょう．低い温度では，住民（＝電子）がみな低い階に住んでいます．ところが温度が上がってくると，一部の住民が高い階へ移動するようなイメージです．金属の種類により，この移動のしかたや階の構成が異なります．あるマンションの低い階から，隣のマンションの高い階へ住人が電流の力で強制的に移動する場合を考えます．この時に高さが上がるためにエネルギーが必要になります．高いところに行く時に熱が吸収され（吸熱），温度が下がります．電流を逆向きに流すと，今度は高い階から隣のマンションの低い階に移ることになり，そのエネルギー差が発熱となって温度が上がります．これが電圧をかけると温度の高いところと低いところができる理由です．

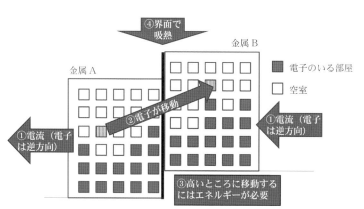

図1.7　ペルチェ効果の模式図．この2つのマンションの間を電子が行き来するには熱か電圧が必要になる．

■ ペルチェ効果は何に使われているの？

電気を使って温めるのは，電熱器などのヒーターを使って簡単にできます．これは電気のエネルギーが直接熱に変わるもので，ジュール熱と呼ばれます．一方，電気で冷却するのは，ヒーターほど簡単ではありません．エアコンや冷蔵庫が代表的ですが，一般的には気化熱を利用したコンプレッサー式のヒートポンプが使われています．しかしこのヒートポンプはモーターや液体，そして液体を通すパイプや熱交換器など，どうしても複雑な構造になってしまい，ヒーターのように簡単な機器になりません．しかし，ペルチェ素子を使えば電流を流すだけで冷却ができる単純な機構の冷却装置を作ることができます．エアコンのように大型の冷却装置としては使えないのですが，ペルチェ素子は電流を流すだけなので，小型化が可能で，コンプレッサーやモーターの音や振動がほとんどなく，また動く部分がないので信頼性も高くなります．リビングに置いても音が静かなので小型の冷蔵庫やワインセラーなどに使われています．ペルチェ素子で冷やす場合にもジュール熱は発生するので，熱を背面から逃がすなどの工夫がされています．現在実用化されているペルチェ素子は金属ではなくビスマスとテルルの化合物などの半導体が用いられており，図1.8に示したように多数の素子が直列接合されたものが使われています．

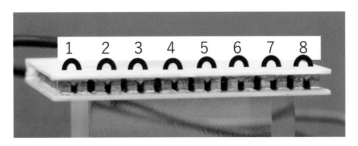

図1.8　市販されているペルチェ素子．8つの素子が接合されて並んでいる．

■ 熱を電気に変えるゼーベック効果

ペルチェ効果とは逆に，熱を電気に変えるのがゼーベック効果です．2種類の金属線の両端を2カ所でつなぎ，その2つの接点に温度差を与えると電圧が発生します．金属線のつなぎ方は図1.9(a)を参照してください．このゼーベック効果はなぜ生じるのでしょうか．先ほどのマンションの例で考えてみましょう．高い階に多くの住民が住んでいるマンションの隣に低い階に多くの住民が住んでいるマンションがあるとします．高い階に住んでいる人は，低い階に移った方がエネルギーが下がる（より安定な状態になる）ので，この2つのマンションをつないで行き来できるようにすると，高い階から低い階に人が移ろうとします．この移動の時に電流が流れます．このため，2種類の金属を接触させると，電子はエネルギーの高い居場所から低い居場所の方へ流れてゆこうとして，ゼーベック効果が発現します．半導体の場合は少し様子が異なりますが，やはり同じような効果が生じます．

したがって，先ほど実験に使ったペルチェ素子の両面に温度差を付けてやると，ゼーベック効果により電圧が発生します．ペルチェ素子と小さなモーターがあると電圧の発生が目に見えてわかります．ペルチェ素子の電極に小さなモーターなどを取り付けます．この場合には素子の両面に放熱

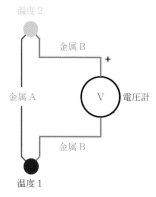

（a）金属線の接合のしかた．

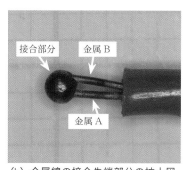

（b）金属線の接合先端部分の拡大図．
2種類の金属線が球の部分で接続されている．

図1.9　金属線のつなぎ方．

器を取り付けてください．そして片側の放熱器をお湯に浸け，もう片側を
ファンで冷やすなどして大きな温度差を作ってやるとより大きな電圧が発
生します．

また，電圧の発生は LED を使うことでも確認できます．ただし LED に
はプラスとマイナスの極性があるので，極性を間違えると点灯しなかった
り，LED が破損したりしますので注意しましょう．テスターなどで極性
を確認してから使ってください．

■ ゼーベック効果は何に使われているの？

ゼーベック効果は熱電対温度計として温度計測に非常に広く使われて
います．発生する電圧が温度によって変化する性質を利用しています．
1000℃以上の高温用や，マイナス200℃以下の極低温用まで，2種類の金
属の組み合わせを変えることでさまざまな温度範囲で精度よく温度が測定
できます．図 1.9 (b) は接合部分の拡大写真です．一方で家庭用の電気製
品（エアコンや置時計に付属している温度計）など，あまり高い精度を必
要としない場合にはシリコンダイオードなどの半導体を使った温度セン
サーがよく用いられています．

このゼーベック効果の応用として，ゼーベック素子による発電の研究が
行われています．発電機を回転させて発電するような，機械的に動く部分
がないため故障する可能性が低く，長期にわたって安定して使用可能な電
源として期待されています．近年は自動車の排気ガス，ガス湯沸かし器の
廃熱，原子力や火力発電所などの余った熱，タービンを回せるほど高温で
はない地熱を利用して発電する技術が進んでいます．また，ワイヤレスセ
ンサーなどの電源としても注目されています．

■ 宇宙船ボイジャーと熱電材料

熱電材料による発電は意外に古くから使われています．惑星探査機など
は，どのような電源を使うでしょう．太陽に近い惑星の探査には，太陽電
池が用いられています．でも太陽光が届きにくい，外側の惑星探査に太陽
電池を使うのは難しいですね．そこで，長期にわたって「崩壊熱」を出し

続ける放射性物質を熱源として用います．この熱を利用して<u>ゼーベック効</u><u>果で発電する</u>のが原子力電池です．1977 年に打ち上げられたボイジャー 1号，2 号は，太陽系の外惑星や太陽系外までも探査している探査機ですが，2025 ～ 2030 年頃まで地球と通信が可能であるとされています．なお，最近は太陽電池の高性能化や大型化により，遠方の探査にも太陽電池が使われるようになってきています．

COLUMN

トーマス・ゼーベック

　ゼーベック効果を発見したトーマス・ゼーベックはドイツの医師でしたが，医業を行いつつ物理の研究にいそしみました．光にかかわる業績が多く残されています．酸化銀が光と反応することを見出し，銀塩写真の原理を築きました．また砂糖などの光学異性体により偏光が回転する現象も発見しています．彼がゼーベック効果を発見したのは今から 200年近くさかのぼる 1821 年とされます．ナポレオン・ボナパルトが没し，日本では江戸時代後期．伊能忠敬の「大日本沿海輿地全図」が完成した時期です．1800 年にボルタ電池が発明されており，電解液を介して異種金属を電極にすることにより電気が起こることが知られていました．ゼーベックは異種金属を直接接触させる実験を行ううちに，ゼーベック効果にたどり着きました．ファラデーの電磁誘導の法則の発見は 1831 年のことで，ゼーベック効果より歴史が浅く，実はこの年にゼーベックは他界しています．ゼーベック効果の逆の現象となるペルチェ効果がジャン＝シャルル・ペルチェにより発見されたのは，ゼーベック効果の発見から10 年以上経った 1834 年のことでした．

　ゼーベック効果を利用した熱電材料には，近年では未利用熱発電の他，IoT 時代に対応した小型センサーユニットなど，ワイヤレス機器の電源としても大きな期待がかかっています．光がある場所では太陽電池が利用できますが，宇宙空間などの暗い場所では温度差で発電できる熱電素子が役立つのです．また，身近にたくさんある元素だけで熱電素子を作る試みも進んでおり FAST と呼ばれています（Fe-Al-Si と熱電材料Thermoelectric material の頭文字をとっています）．長い歴史を誇るゼーベック効果ですが，このように現在でもまだまだ最先端の研究が進められている現象です．

■ 熱伝導の先端研究

熱を伝えやすいものは？

　熱伝導に関連して役に立つ材料を開発する場合，熱の流れを制御することが重要です．すなわち「熱をよく伝えるもの」と「熱を伝えにくいもの」の両方が必要になります．

　まずは熱を伝えやすいものを考えてみましょう．パソコンなどに入っているCPU（中央演算処理装置，パソコンの頭脳にあたる部分）の性能は年々向上してきましたが，近年その傾向は鈍化しつつあります．実は，どうやって熱を逃がすかという問題がCPUの高性能化の大きなネックになっているのです．同じ面積で比較すると，高性能なCPUはホットプレートよりずっと大きな電力が使われています．ですから，熱をうまく逃がさないと溶けてしまいます．スーパーコンピュータでは冷却の問題を克服するために，これまでの空冷に代わって，水冷式が登場してきています．また，電車などの大電力を必要とするモーターの制御に使われている半導体も，発生した熱を逃がすことがとても重要です．効率的に放熱するには，熱伝導率の高い半導体や放熱器が必要です．現在の半導体はほとんどがシリコン（ケイ素）でできていますが，<u>熱伝導率の高いダイヤモンドを使った半導体の研究が進んでいます</u>（純粋なダイヤモンドは絶縁体ですが，別の元素を混ぜることで半導体になります）．

熱を伝えにくいものは？

　次に熱を伝えにくいものを考えてみましょう．熱電素子について，前の項目で実験しましたね．実は，熱電素子の性能を向上させるためには熱伝導率がとても重要です．熱電素子の性能は「性能指数」というもので評価され，この数字が大きい方が高性能です．

$$性能指数 = \frac{(ゼーベック係数)^2 \times 電気伝導率}{熱伝導率} \tag{1.1}$$

ゼーベック係数 S とは，素子が電気を起こす能力を表すもので，生じる起電力 E を温度差 ΔT の絶対値で割ったものです．式で表すと $S = \dfrac{E}{|\Delta T|}$ となります．すなわち小さい温度差でも大きな起電力を発生するとゼ　ベック

係数は大きくなります．したがって，性能指数の高い熱電素子の開発のためには，「ゼーベック係数」が大きく，電気伝導率が高く，熱伝導率が低い物質を見つける必要があります．しかし，先にも述べたヴィーデマン・フランツ則のように電気伝導率が高いと熱伝導率も高くなってしまうという問題があり，その克服のための研究が進められています．

■ 新しい現象

　最近の新しい現象として，スピンゼーベック効果という現象が発見されています．通常のゼーベック効果は温度差により電子の流れを生じさせます．また，後節の磁性でも取り上げますが電子には「スピン」という特性があり，上向きスピンの電子と下向きスピンの電子があります．電子は導電体中は流れることができますが，絶縁体では流れることができません．しかしこの「スピン」という特性を利用すると，電子の流れない絶縁体でも「スピン流」という流れを作り出すことが可能です．このスピン流を使うと，スピン流を媒介にして絶縁体から電流を取り出すことが可能になり，一部分だけを電気伝導率の高い物質で作ればすむようになります．これを利用すると，電気伝導率の高さと熱伝導率の低さを両立した素子ができるかもしれない，という期待が高まっています．

　同様にペルチェ効果に対しても「スピンペルチェ効果」が数十年前から予測されていました．そして最近になって，その可視化が報告されています．現在では，「スピンゼーベック効果」と合わせて「スピンカロリトロニクス」という新しい研究分野が開かれています．

まとめ

　この節では「金属の熱伝導と熱電効果」について学びました．プラスチックなどに比べ熱伝導が良い金属でも，種類によりかなり差があることがわかったのではないかと思います．熱伝導を担っているのは主に電子ですが，ダイヤモンドなどでは格子の振動が大きな役割を果たしています．熱電効果には電気が温度差に変わるペルチェ効果，温度差が電気に変わる

ゼーベック効果があり，ゼーベック効果は発電に使うことができます．熱電効果を使って効率的に発電するには，熱伝導率がとても重要になります．最後に NIMS で作成している実験動画の中でこの節の実験と関連するものを以下に紹介しておきます．興味のある方はご覧ください．

参考ウェブサイト
・美しくて硬いだけじゃない！驚きのダイヤモンド
　https://youtu.be/Skxo3Qagqec
・未来の科学者たちへ #06「ダイヤモンドと熱伝導」
　https://youtu.be/UZ-qKvtHDnM
・材料が作る日常品 #1「熱を電気にかえる材料」
　https://youtu.be/UscHY1Ikolc

1.2　材料の磁性

　磁石に対する反応で物質を大きく分けると，鉄のように磁石に引き寄せられるものと，アルミや銅のように磁石に反応しない（ように見える）物があります．このようにいろいろな物質が持っている磁石に反応する性質を「磁性」といいます．鉄のように磁石に反応する物質を「磁性を持つ」，アルミニウムなどの反応しない物質は「磁性を持たない」と呼びます．磁性にはいろいろな種類がありますが，まずはこの2種類だけを覚えておいてください．そして，磁石についても実験をします．ネオジム磁石のようにそのままで磁力を持っているものを「永久磁石」と呼びます．この節では単に「磁石」と記述しています．また，電磁石のように電流を流している時だけ磁石になるものを「一時磁石」と呼びます．私たちの身の回りには，モーターやヘッドフォンなどさまざまなところに磁性を持つ物質・材料が使われています．ここでは，これら物質の磁性についていろいろな実験をしてみましょう．

実験 4　磁石に付くか付かないか確かめよう

　ここでは鉄とニッケルを使って，磁石に付く性質と温度の関係を実験してみましょう．これら2つ金属は，磁石に付く磁性を持っていますが，物質の磁性は常に変化しないのでしょうか．

必要な材料

　鉄およびニッケルの針金（直径 0.3 ～ 0.5 mm くらい），細いステンレス線，フェライト磁石（ネオジム磁石は不可），ガスバーナー（火口が細いもの），実験スタンド．

手順1 図 1.10 (a) の装置を作ります．鉄線を 3 cm くらいに切り，10 cm くらいに切ったステンレス線の端に外れないようにしっかり巻き付けます (図 1.10 (b))．

手順2 フェライト磁石を実験台などに固定し，先ほどの鉄線を磁石に付けます．この時，図のようにステンレス線が垂れ下がり，鉄線を巻いた片方の端だけが磁石に付くようにします (ステンレス線の長さを調節してうまく作ってください)．

手順3 磁石の下に濡れ雑巾などを置きます．磁石に直火が当たらないように，鉄線だけを加熱するようにしてください (フェライト磁石に直接炎が当たると割れることがあります)．

手順4 十分に針金が加熱されると磁性がなくなり磁石から落ちてしまいます．落ちた針金が十分に冷えたら，もう一度磁石に付けてみてください．冷えるとまた磁石に付くようになります．

手順5 同じ手順で鉄線の代わりにニッケル線を使って試してください．違いがあるでしょうか？

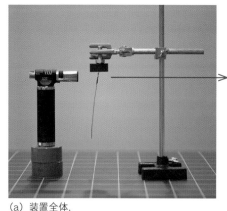

(a) 装置全体．

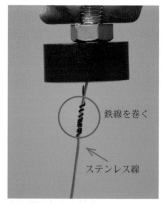

(b) 磁石部分の拡大．

図 1.10　磁気転移の実験装置．

■ 磁石に付いたり付かなかったり

　室温で，磁石に付く元素はいくつあるでしょうか？　NIMSでは見学に来たみなさんによくこの質問をします．「室温で」という条件がキーポイントです．10個や20個と答えてくれる方もたくさんいますが，正解は4つです．Fe（鉄），Ni（ニッケル），Co（コバルト），Gd（ガドリニウム）が室温（19℃未満）で磁石に付きます．では，高温の1000℃では磁石に付く元素はいくつになるでしょうか？　答えを言ってしまうと，1つ（Co）です．これは，室温では磁石に付く元素も温度を上げることによって磁石に付く性質が弱まり，やがて磁石に付かなくなることを意味しています．それぞれ鉄は770℃，ニッケルは354℃，コバルトは1115℃，ガドリニウムは19℃以上の温度になると磁石に付かなくなることが知られています．ここで用語の説明をすると，この磁石に付く状態は「強磁性」，付かない状態は「常磁性」といいます．磁性の変化を「磁気転移」と呼び，変化する温度を「磁気転移温度」といいます．常磁性から強磁性へと変化する現象を発見したピエール・キュリーの名前をとって，この磁気転移温度はキュリー温度と呼ばれています．

実験5 キュリーエンジンを作ろう

　前の実験では，温度を上げたり下げたりすると鉄やニッケルの磁性（磁石に付く・付かないという性質）が変化することを実験しました．ここではこの磁気転移を利用して熱エネルギーを運動エネルギーに変える装置を作ります．この装置は，鉄の磁性の変化（強磁性と常磁性）を利用しているため，キュリーエンジンと呼ばれています．自作するには少し難しいかもしれませんが頑張って挑戦してください．

必要な材料

　鉄線，ステンレス線のばね線（磁性に付かないもので線径 0.3 mm，長さ 30 cm くらい），ガスバーナー，フェライト磁石（ネオジム磁石は不可），実験スタンド，磁石を固定する鉄棒材など

実験方法

手順 1　図 1.11 (a) の実験装置を作ります．ステンレス線を 30 cm ほどに切り，先端を 3 cm ほど直角に曲げます．曲げた部分の先端部の

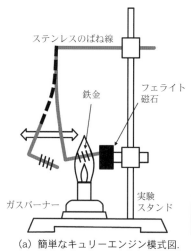

(a) 簡単なキュリーエンジン模式図.　　(b) 実際に作成したキュリーエンジン.

図 1.11　実験装置.

5 mm くらいに鉄線を巻き付けます．巻き付けの幅によってキュリーエンジンの動作が変わってくるのでうまく調節してください．

手順2 図のようにステンレス線の端を実験スタンドに固定します．スタンドにフェライト磁石を取り付け，磁石の位置を動かしながら，鉄線を巻いた部分が引き寄せられるように磁石を固定します．

手順3 バーナーの炎を細く絞って，鉄線を巻いた部分だけを加熱します．この時にフェライト磁石に炎が当たらないようにしてください．

手順4 鉄線が高温になると磁石につかなくなるため磁石から離れます．鉄線が炎の外に出ると温度が下がり，再び磁石に引き寄せられます．加熱している間はこの動作を繰り返しますが，バーナーの火を止めると動作が停止します．

うまく作るコツ

このキュリーエンジンは，巻き付けた鉄線が高温になると磁気転移により磁性を持たなくなり，冷えると再び磁性を持つことを利用しています．鉄線がフェライト磁石に引き寄せられる力と，ステンレスのばね線によって元の位置に戻される力のバランスによって動く装置です．この2つの力のバランスをとるためには，磁石の位置やばねの強さなど微妙な調整が必要です．コツとしては，鉄線の巻き付け位置をステンレスばねの先端から少し離すことです．また，鉄線を巻き付ける幅がバーナーの炎からはみ出るほど長いと，はみ出た部分の温度が上がらないため磁石に引き付けられ続けるのでうまく動作しません．

> **注意事項**
> この実験はバーナーを使います．装置も高温になるのでやけどに注意してください．フェライト磁石に直火が当たると割れて飛散することがありますので，磁石を直接加熱しないでください．

実験6　磁石を茹でて，炙ってみよう

　実験5では磁石に引き付けられる鉄とニッケルの磁性について実験を行いました．ここでは，鉄とニッケルを引き付ける側の磁石の性質を調べます．温度を上げると磁石が物を引き付ける力は変化するのでしょうか？それとも変わらないでしょうか．ここでは，強力な磁石であるネオジム磁石を使います．このネオジム磁石は，$Nd_2Fe_{14}B$というネオジム (Nd)，鉄 (Fe)，ホウ素 (B) という3種類の元素からなる化合物で，それぞれの元素が2:14:1の割合で含まれていることを意味しています．ネオジム磁石と名前が付いていますが，この比率からそのほとんどは鉄でできていることがわかります．ここでは，このネオジム磁石を茹でたり炙ったりして，ネオジム磁石が持つ鉄やニッケルを引き付ける磁石としての特性が変わるのか実験します．

必要な材料

　ネオジム磁石（直径10〜13 mm，厚さ2〜3 mmくらいのもの．ホームセンターなどで超強力マグネットなどの名称で売られています），ばねばかり（最大値表示機能のあるものが良い），鉄の丸頭ピン（頭の直径がネオジム磁石と同程度の物，ロッドに孔が開いているもの）2本，ひも，ボール型のステンレス製茶こし，電気ポット（茶こしの取っ手が図1.12のように注ぎ口から出るくらいのサイズだとよい），ラジオペンチ，ゼムクリップ，バット，バーナー．

実験方法

手順1　鉄の丸頭ピンの孔にひもをかけ，ばねばかりのフックがかけられるようにします．ポットに湯を沸かしておきます．

手順2　図1.12 (a) のようにネオジム磁石を鉄の丸頭ピン2本で挟み，磁力でくっ付けます．両側のピンのひもを上下に引っ張って磁石の強さを確かめます．

手順3　図1.12 (b) のように一方のひもを台などに固定し，もう片方のひ

もをばねばかりでゆっくり
引っ張りながら，どれくら
いの荷重で磁石が離れるか
調べます．

手順4　ネオジム磁石を丸頭ピンか
ら外し，図1.12 (c) のよう
に茶こしに入れてポットの
湯の中に入れ，沸騰状態で
3分間保持します．茶こし
を取り出し，中の磁石が十
分冷えてから磁石を取り出
します．ポットがない場合
には鍋で3分間沸騰させて
もよいです．

手順5　手順2，3と同じように，
磁石がどのくらいの荷重で
離れるか調べます．茹でた
ことで，磁石の強さは変化
したでしょうか．

手順6　次に，もっと高い温度まで
加熱します．ここからの手
順は図1.13を参考にして
ください．ネオジム磁石を
ラジオペンチでつかみバー
ナーで少し炙ります．炙っ
た後はそのまま空冷してく
ださい．加熱後磁石をゼム
クリップなどの軽い鉄製品
に近づけた時，磁石として
働くでしょうか？

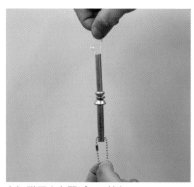

(a) 磁石を丸頭ピンで挟む．

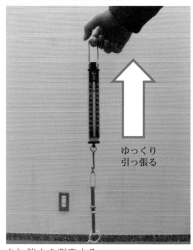

ゆっくり
引っ張る

(b) 強さを測定する．

(c) お湯で茹で，再び強さを測定する．

図1.12　実験の手順.

(a) ネオジム磁石を加熱する.

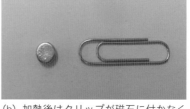
(b) 加熱後はクリップが磁石に付かなくなる.

(c) 加熱した磁石と加熱していない磁石を付ける.

(d) クリップが磁石に付くようになる.

図 1.13　消磁と着磁.

手順 7　加熱後の磁石を加熱していないネオジム磁石に近づけてみます. 磁石はくっ付くでしょうか?

手順 8　手順7の後, 加熱後の磁石を加熱していないネオジム磁石に付けたまましばらく置いておきます. その後この磁石をもう一度ゼムクリップに近づけてみてください. 今度は磁石として働くでしょうか?

注意事項

　直火での加熱で磁石が割れて飛ぶことがあるので注意してください. ラジオペンチも熱くなりますし, お湯を使う実験では高温によるやけどの危険があります. 鉄製のポットを使った時に磁石が内壁について取れなくなるのを防ぐために茶こしを使って磁石を茹でます. 磁石を茶こしから取り出す時は十分冷めたことを確認してください.

■ 磁石を茹でて炙ったらどうなった？

　実験 4 で鉄やニッケルは温度を上げると磁石に付かなくなりましたが，温度を下げると元に戻りました．それでは，茹でた後のネオジム磁石の強さはどうなりましたか？　バーナーで炙ったネオジム磁石はどうだったしょうか？

　茹でると磁力は弱くなり，炙ると磁力はまったくなくなっていたのではないでしょうか．でも，炙った後で別のネオジム磁石を近づけて，もう一度確認すると引き付ける力が少し復活していました．これらの実験から，ネオジム磁石の持つ磁石としての性質と鉄やニッケルなどの磁力に引き付けられる性質は少し異なっているということがわかると思います．

■ 純鉄とネオジム磁石の違いは「保磁力」

　実験で使った鉄線はほぼ純粋な鉄でした．鉄は低温では磁石に付きます．この状態にある物質を「強磁性体」といいます．そして高温で鉄は磁石に付かない状態になりこれを「常磁性体」といいます．鉄と同じようにネオジム磁石（$Nd_2Fe_{14}B$ 化合物）にも磁気転移があり，磁気転移温度は 312℃です．鉄と同じようにこの温度よりも低温側では磁石に付く強磁性体，高温側では磁石に付かない常磁性体になります．ともに同じような性質を持っているように思えるのに，純粋な鉄は磁石として使えませんが，ネオジム磁石は使うことができます．この鉄とネオジム磁石の違いは何でしょうか．それを説明するには「保磁力」について考える必要があります．少し複雑になるのでここではごく簡単にそのイメージをつかんでいただければと思います．磁石となる物質の内部ではすごく小さい棒磁石がたくさん集まっていると想像してください．物質の内部でこれらの棒磁石はどのように並んでいるのでしょうか？　棒磁石を同じ方向に並べようとすると，同じ磁極同士が近づくので反発力が働きうまく並べられず，隣同士が逆の向きになってしまいます．これは，磁石のS極とN極は自然に引き合ってくっ付くためです．しかし，ネオジム磁石のような強い磁石の内部ではすべての小さい棒磁石が同じ方向に揃って，全体として大きな強い磁石となっています．したがって，ネオジム磁石の中では，小さい棒磁石の向き

をバラバラにしようと働く力に対して，棒磁石の向きを同じ方向に保つ力が働いています．この棒磁石がバラバラにならないように保つ力が「保磁力」です．ネオジム磁石と純鉄の違いはこの保磁力の強さで，ネオジム磁石は保磁力が大きく，純鉄は保磁力が小さいのです．ネオジム磁石では，保磁力を高めるために結晶を数ミクロン程度の大きさまで細かくして，その結晶の周りを磁性を持たない薄い膜でくるんだ構造になっています．保磁力の詳細は書籍を参考にしてください．

■ 磁石の弱点は熱

茹でる前のネオジム磁石の中は，小さい磁石がすべて同じ向きを向いて一つの大きな磁石として働いていました．しかし，茹でている間に一部の小さい磁石が逆向きになり，その部分では磁石の強さが打ち消しあってしまうので磁石全体としては弱くなったのです．この現象を「減磁」と呼びます．磁石にはいくつかの弱点がありますが，その一つが温度なのです．

茹でるよりももっと温度が高いバーナーで炙ると，小さい磁石の向きは完全にばらばらになり，そのほとんどが打ち消しあってしまうので，磁石全体として物を引き付ける力はなくなります．これを「消磁」と呼びます．実験で炙った後の磁石にゼムクリップが反応しなかったのは，磁石が消磁されていたからです．このことは，ネオジム磁石には使用できる上限温度があるということを意味しています．先に書いたようにネオジム磁石の磁気転移温度は312℃です．これよりも温度が高くなるとネオジム磁石は磁石として物を引き付ける力はなくなり，この温度が限界温度になります．しかし，沸騰するお湯（100℃）で茹でた時のように磁気転移温度よりもずっと低温であっても温度が上がると磁力が徐々に失われてゆきますので，実際に使用できる温度はもっと低くなります．

■ 磁石の弱点は磁石

ネオジム磁石に逆向きのさらに強い磁石を近づけるとどうなるでしょうか．先に一つの大きな磁石の中には小さい磁石が同じ向きを向いている状態にあると書きました．そこに，この磁石よりも磁力が強い逆向きの磁石

を近づけると，同じ方向を向いていた小さい磁石が徐々に向きを変えていきます．例えば，ネオジム磁石のN極に，もっと強い磁石のN極を近づけます．そうするとネオジム磁石の内部ではそれを構成している小さい磁石の向きが徐々に反転してゆき，ネオジム磁石を動かしていないのに，その内部では最初と逆向きの磁石になってしまうのです．

　自動車のモーターに使われている磁石は，モーター動作時に内部で生じる電磁石からの強い力がかかっています．さらに，動作中のモーターの内部は温度が上がるため，磁石にとってモーターの中では温度と逆向きの磁石の2つの弱点が揃っている過酷な環境になっています．そのためモーターに使う磁石には高い保磁力が必要になります．

■ 磁石にするには

　先に磁石の弱点は逆向きの磁石であると説明しましたが，実際には磁石を作るためにこの現象を利用しています．磁石の中にある小さい磁石の向きがバラバラの磁石に十分に強い磁石を近づけます．すると，小さい棒磁石の向きを同じ方向に揃えることができます．この作業を「着磁」と呼びます．

　ネオジム磁石は原料を溶かして固めて作りますが，そのままだとその中にある小さい磁石はバラバラの向きを向いているため，磁石として使えません．この着磁をすることで，ばらばらだった向きが揃い，強いネオジム磁石となるのです．実験6では，炙って消磁した磁石を別のネオジム磁石に近づけました．その後ではゼムクリップがまた引き付けられるようになりました．これは消磁されたネオジム磁石に別のネオジム磁石を近づけたことで，内部の小さい磁石が部分的に揃ったため，磁石としての特性が少し戻ったことが理由です．

■ 磁性を変える方法

　これから磁性に関してもう少し複雑な実験をしてみたいと思います．実験7と実験8は，第2章で紹介する材料の強さの実験と密接に関連していますが，磁性とも同じように密接な関係があります．ここでは第2章と共

通する専門用語（オーステナイト，フェライト，同素変態，欠陥など）が
いくつか出てきますが，詳しい説明は第2章に譲り，ここではあまり説明
していません．第2章の実験を一通りやってから，またこの実験に戻って
きてもらえれば，さらに良くわかってもらえるのではないかと思います．

実用磁石の開発と日本人

　現在最強の永久磁石であるネオジム磁石は，電気自動車の駆動モーターとして，省電力高パワーの家電用モーターとして，携帯電話などの超小型モーターとして，大容量ハードディスクの駆動装置として広く使われています．この磁石は 1982 年に住友特殊金属（当時）の佐川眞人氏によって発見されました．磁鉄鉱などの天然の磁石は古くから知られていましたが，その磁性は非常に弱く，方位磁石など弱い磁石で使える用途以外には実用になりませんでした．これまでさまざまな永久磁石材料が開発されてきましたが，モーターなどに使える強い実用的な永久磁石開発の歴史には，実は日本人の研究者がたびたび登場します．磁石研究は日本のお家芸といってもいいかもしれません．

　電流による磁石作用（電磁石）の発見後，永久磁石用の材料としては焼入れをした鋼が使われてきました．鉄は磁歪が大きい材料であり，大きく歪んだ結晶構造を持つ焼入れ鋼は，磁化を保持して磁石として機能することができたからです．しかしその磁力はそれほど大きくなかったため，実用材料として使うことはできませんでした．ところが 1917 年，初めて人工的に作られた磁石「KS 鋼」が東北帝国大学の本多光太郎博士によって開発されました．人工的に強い磁石を作れることがわかると，1931 年の東京大学三島徳七博士による MK 鋼，さらに 3 年後には再び本多博士により NKS 鋼へと改良され，磁石材料は大きく進展することになったのです．これら磁石の発見は後のアルニコ磁石の開発へと繋がります．一方，1930 年には東京工業大学の加藤与五郎・武井武博士によって金属を原料にしない磁石が開発されました．酸化した鉄を原料とするフェライト磁石です．このフェライト磁石は，安価である，耐酸化性が良いなどの理由でネオジム磁石が開発された現在でも広く使われています．

　さて，本文でも少し触れているネオジム磁石の次は？　という問題ですが，$Th_{12}Mn$ 構造を持つ $Fe_{12}Sm$ 化合物を主成分とする磁石など，現在いくつかの候補物質が見つかっています．まだ実用化への課題が多いのですが，それら一つ一つを克服するための研究が進められています．現在の社会は多くの場面で磁石に依存しており，この傾向は今後さらに強くなってゆくと考えられています．したがって，磁石は戦略物質として大変重要な位置を占めているといえます．そして，ネオジム磁石に続く新しい磁石の開発が，次回も日本の研究者によるものであることを願ってやみません．

鉄の保磁力を変える

古い時代に焼入れ鋼が磁石材料として用いられていたのは，焼入れで生じた結晶の歪みが保磁力の向上につながっていたからです（焼入れについては第 2 章で実験します）．また金属を加工しても欠陥ができます（この金属の加工についても第 2 章で実験します）．ここでは，鉄板を曲げることでひずみを導入します．それによって鉄板の保磁力がどう変化するのか実験してみましょう．

必要な材料

長さ 100 mm，幅 5 mm，厚さ 1 mm 程度の鉄板 2 枚（磁石に付く鉄を選んでください），ペンチ，ガストーチ，ネオジム磁石（直径 10 mm 程度，厚さ 10 mm 以上の大きさの物が良い），方位磁石（オイル式のものが良い）．

実験方法

手順 1 鉄板をガストーチを用いて全体を赤熱します．ペンチで一端を持ち，ガストーチの炎を当て，赤熱したら場所をずらしてすべての箇所を一度赤くなるまで加熱します．その後，空気中で冷やします．これを 2 本ともに行ってください．

手順 2 ネオジム磁石で鉄板の表面を何度かこすります．

手順 3 鉄板が磁石になったかを方位磁石で調べます．調べ方は図 1.14 を参照してください．方位磁石を他の磁石のない場所に置き，地磁気で磁針が止まったら，磁針の極が反発する向きで磁針に鉄板を近づけます．磁針が振れれば磁石になっていることを意味しています．この時に振れ幅を記録しておいてください．

手順 4 片方の鉄板をペンチで変形させます．図 1.15 の下の板のように何度か曲げ伸ばししてください．図では一部だけ曲げていますが，全体を細かく曲げ伸ばししてください．やりすぎると硬くなって折れてしまいますので気を付けてください．図 1.15 の上の板の

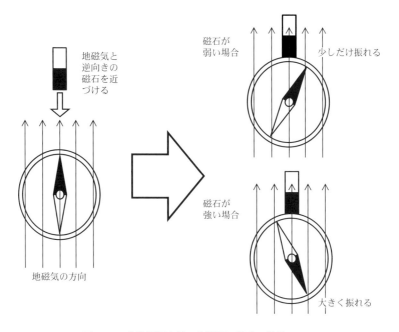

地磁気と逆向きの磁石を近づける

磁石が弱い場合　　　少しだけ振れる

地磁気の方向

磁石が強い場合

大きく振れる

図 1.14　方位磁石を使った磁石の強さの比較.

ように最後に全体を大体まっすぐにします.

手順 5　先ほどと同じようにネオジム磁石で表面をこすり, 手順 3 と同様に方位磁石の磁針の振れを調べて, 曲げ伸ばし前と比較してください. 今回の実験では図 1.16 のようになっていれば成功です.

図 1.15　焼きなました鉄板を細かく折り曲げる.

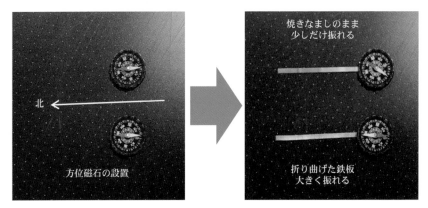

図 1.16　方位磁石を使って磁石の強さを比べた結果.

COLUMN

最も強い磁石はなにか

　強力な磁石は電気自動車のモーターや磁気浮上式列車に使われるなど，近年の私たちの社会で存在感を増しています．こうした用途では，磁石の強さは強いほど，システムの出力や省エネに貢献できます．では，最も強い磁石とはどのようなもので，どれくらい強いのでしょうか．永久磁石の強さは磁極面の磁束密度で表すことがき，Wb/m^2（ウェーバー毎平方メートル）あるいはT（テスラ）という単位で表されます．これは磁石を小さな単位の磁石の集合とみなして，それがどれくらいの密度で含まれているか，ということに相当します．私たちの暮らしで最も広く使われているフェライト磁石の強さは，形状にも左右されますが0.2 T，強力型のもので0.4 Tほどです．これに対して最強の永久磁石であるネオジム磁石は最高で1.3 Tほどになります．磁石の配置（ハルバッハ配列といいます）や高透磁率のヨーク（磁石を強くするためにかぶせるキャップです）を使って磁場を濃縮することで少し強い磁場を得ることができますが，桁が変わるほど強くはなりません．

　ではこれ以上に強力な磁石を作ることはできないのでしょうか．永久磁石に加えて，もう一つ重要な磁石があります．電流を流すことで磁場を発生する電磁石です．電磁石は大きな電流を流せば強い磁場を作り出せます．電源が必要なこと，また電流による発熱があるため冷却設備などが必要ですが，数Tの磁場は電磁石で容易に得ることができます．さらに超伝導コイルを使うと通電発熱がないため，さらに強い電磁石が作れます．材料の特性にもよりますが，10から20 T程度までの強磁場を作ることができるので医療用のMRI診断装置（3 T）や超伝導磁気浮上列車（1.5 ～ 5 T）にも応用されています．また発熱を抑えるために，数ミリ秒程度のごく短時間だけ大電流を流すパルスマグネットでは100 T，電磁濃縮法という手法を用いると実に1000 Tを超える高い磁場の達成が報告されています．

　このような強い磁場は何に使われるのでしょうか？　多くは研究用に使われています．新しい磁石やその他の材料の開発を目指し，電子や原子レベルでの磁石の振る舞いを突き止めるために強い磁場の中で性質を調べるのです．このような用途には磁場の強さとともに磁場の持続時間や安定性が重要で，コイルの巻き方一つにしても高い技術・精度が必要とされています．

実験8 ステンレスの磁性を変える

前節では，加工することで鉄板の保磁力が変化しました．ここでは，<u>ステンレスを鉄板と同じように加工して磁性がどのように変化するのか実験してみましょう．同じ加工ですが，ステンレスでは実験7とは大きな違いがみられます．</u>ステンレスには，磁石に付くものと付かないものがありますが，ここでは磁石に付かないステンレスを使います．

必要な材料

ステンレス線（SUS304材質の磁石につかないもの，直径1 mmくらいのもの），ネオジム磁石，ペンチ，ハンマー，金床．

実験方法

手順1 ステンレス線を10 cmくらいに切り，真ん中に磁石を付けてみます（図1.17(a)）．磁石に付くでしょうか．

手順2 先ほど調べたところをペンチで切断します．切断したところを磁石に近づけてみてください．今度は付くでしょうか．

手順3 手順1と同じようにステンレス線を10 cmくらいに切り，真ん中を磁石に付けてみます．

手順4 ステンレス線の中央部分を金床の上でハンマーで潰します（図1.17(b)）．潰したところは磁石に付くでしょ

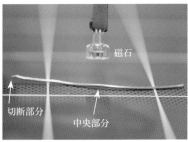

(a) ステンレス線の先端部分と中央部分に磁石を近づける．

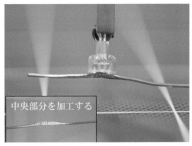

(b) 中央部分を加工して磁石を付ける．

図1.17 ステンレス線を叩き潰して磁石に付ける．

うか．図1.17 (b) のように磁石に付けば成功です．

手順5 ステンレス線の中央部分をバーナーなどで加熱してください．冷却後，同様に磁石を近づけてみてください．潰した後に加熱したところは磁石に付くでしょうか．

注意事項

　刃物やハンマーを使います．道具の扱いや，切断時に針金が飛ばないように注意してください．金床がない場合には，床を傷つけないようにコンクリートなど硬いところを探してください．

　ステンレス線は製造過程で強く加工されているので，そのままでは磁石に付いてしまう場合があります．この場合はステンレス線を一度ガスバーナーで赤くなるまで加熱し，そのまま冷ましてください．それでも磁石に付いてしまう場合には材質がSUS304であるか確認してください．フェライト系ステンレス線と間違えた可能性があります．

■ 磁石に付くステンレスと付かないステンレス

　ステンレスには，磁石に付くステンレスと付かないステンレスがあると書きました．磁石に付かないステンレスは面心立方構造を持つオーステナイト系ステンレスでこの製品には18-8や18-10などの数字が書いてあると思います．この数字は，最初の数字がCrの重量％，後の数字がNiの重量％を表しています．磁石に付かないステンレスの例としてはステンレス流し台やスプーンなどがあります．そのほかにも身近にいろいろありますので，磁石を使って探してみてください．一方で磁石に付くステンレスは体心立方構造でフェライト系ステンレスと呼ばれ，Feが主成分なのは同じですが，Niが少なく，Crが多くなっています．この製品には単に「Stainless」と書かれているものが多いようです．このようにステンレスの結晶構造と磁石に付く・付かないという性質には関連があるのです．

■ 叩いて結晶構造を変えると磁性も変わる

磁石に付かないステンレスはオーステナイト系ステンレス（面心立方構造）で，磁石に付くステンレスはフェライト系ステンレス（体心立方構造）です．純粋な鉄は，911℃を境に低温では体心立方，高温では面心立方と結晶構造を変えます．これを同素変態と呼びます．第2章の熱処理の実験も参照してください．この変態が生じる温度は鉄にニッケルやクロムを加えることで変化します．オーステナイト系ステンレスではそれら元素により変態温度が低下して，本来は911℃以上でしか現れない面心立方構造が，室温になっても保たれるようになります．しかし本来は室温では体心立方構造の方が少しだけ安定なので，例えば曲げたり，叩いたりなどの刺激を与えることで，結晶構造が面心立方から体心立方に近い体心正方構造の結晶（マルテンサイトといいます．これも体心立方と同じように磁石に付きます）に変化します．このように加工により結晶構造が変わる現象を加工誘起変態と呼んでいます．そしてマルテンサイトになったステンレス線を加熱すると，高温で現れる面心立方構造に変わり，磁石に付つかなくなります．この詳細は第2章を参照してください．

まとめ

本節では，金属の磁性についていろいろな実験を行ってきました．一口に磁石に付く・付かないといってもいろいろなことが関係しているのだということがわかっていただけたのではないかと思います．実際の物質の磁性は複雑ですが，ここでは簡単にしか説明していませんので，詳細は専門書籍を参考にしてください．さらに勉強したい方々のために，磁石についての参考書籍と NIMS が公開している実験ビデオを以下にあげておきます．

参考書籍，ウェブサイト

・佐川眞人 監修：ネオジム磁石のすべて―レアアースで地球（アース）を守ろう―，アグネ技術センター，(2011).

・宝野和博, 本丸 諒：すごい磁石, 日本実業出版社, (2015).

・じしゃく忍法帳
　https://www.tdk.co.jp/techmag/ninja/index.htm

・磁石から逃げる果物！
　https://www.youtube.com/watch?v=Ks_o-ELuNHk

・だからレアアースが必要なんです！
　https://www.youtube.com/watch?v=qVkTMu6s-Fc

・未来の科学者たちへ #12「ネオジム磁石の弱点」
　https://www.youtube.com/watch?v=k4dCxIjcXJI

・磁石で暗号をひそませる
　https://www.youtube.com/watch?v=XoJjVJnwR4M

・不思議な反復運動装置
　https://www.youtube.com/watch?v=_qxY1o8LYMk

1.3 材料の誘電率

　ここでは電気を貯める蓄電材料について考えます．例えば，蓄電方法として最も身近なものとしては電池があります．そのほかには，夜間に電力が余っている時にポンプを使って水を高いところに汲み上げておき，必要な時に高低差を利用して水力発電を行う方法もあります．これは揚水発電と呼ばれ電気エネルギーを水の位置エネルギーとして蓄える方法です．他には，物質の潜熱や反応熱を利用したエネルギー貯蔵法もあります．潜熱とは物質の状態が変わる時に吸収・発生する熱のことで，例えば水は氷る時には発熱し，溶ける時には周りから熱を奪います．夜間の余剰電力を利用して，氷をたくさん作っておけば昼間の暑い時に氷を溶かして周りを冷やすことができます．いろいろな蓄電方法がありますが，ここでは次世代の蓄電システムとして期待されている，キャパシターを作って蓄電材料について考えてみましょう．

実験9　キャパシターを作ろう

　日本ではコンデンサーという名称の方がよく使われていますが，英語ではキャパシターと呼ばれています．両者は同じ物ですが，以下では英語に倣ってキャパシターと呼ぶことにします．ここでは電気を貯めることができる最も単純な形であるライデンコップ（電気コップとも言います）を作ります．書籍やウェブサイトでよく紹介されているので，どこかで見たことがある人も多いのではないかと思います．ここでは，プラスチックと紙の2種類のコップを使います．充電にはゴム風船と乾いた布を使います．または塩化ビニルのパイプや羽毛製品があればその組み合わせの方がよく電気が貯まるはずです．キャパシター（ライデンコップ）にはどれくらい電気が貯まるのか，紙とプラスチックでどれくらい違うのかを実験します．

プラコップ 2 個, 紙コップ 3 個, アルミホイル, ゴム風船, 乾いた布, セロハンテープ, 軍手, ゴム風船, 空気入れ. 図 1.18 にここで使う道具を示します.

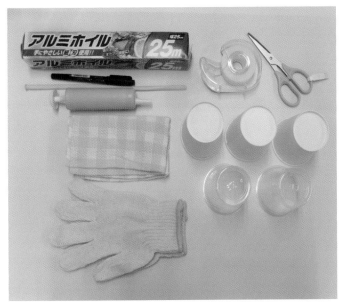

図 1.18　ここで使う道具.

作り方

手順 1　紙コップを図 1.19 (a) のようにはさみで切って開きます. これがアルミホイルを切る時の型紙になります. プラコップと紙コップは同じくらいの大きさの物を選んでください.

手順 2　図 1.19 (b) のように型に合わせてアルミホイルを切り抜きます. これを 2 枚作ってください.

手順 3　図 1.19 (c) のように切り抜いたアルミホイルをプラコップの外側に巻きつけて, セロハンテープで固定してください. これを 2 つ作ります.

(a) 紙コップで型紙を作る.

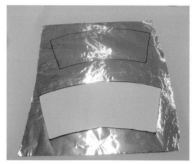

(b) アルミホイルを切り抜く.

電極

(c) コップに巻きつけて固定する. 残っ
たアルミホイルで電極を作る.

図 1.19　実験の手順.

手順4　残ったアルミホイルを細長く折りたたんで電極にします. アルミ
　　　　ホイルを適量切り取り, 折り曲げて長さ 10 cm くらい, 幅 2 cm
　　　　くらいの電極を 2 つ作ってください.

手順5　電極の 1 つを一方のコップの外側にセロハンテープで貼り付けま
　　　　す.

手順6　次に組み立てです. 図 1.20 のようにコップを重ね, コップとコッ
　　　　プの間に電極を挟みます.

手順7　図 1.21 のように紙コップでも作ってください.

手順8　残っているアルミホイルで放電叉を作ります. 電極よりも少し長
　　　　めに細長く折りたたんで, 持つところに紙を巻きます. 図 1.20
　　　　の右の写真のように作成してください.

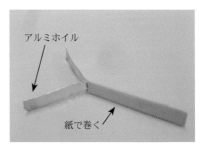

図1.20　電極を挟んでコップを重ねると完成．残ったアルミホイルで放電叉をつくる．

（a）同様に紙コップでも各部分を作成する．　（b）組み合わせる．

図1.21　紙コップの各部分の作成．

実験方法

手順1　軍手を付けます．これは手の湿気を避けて，電気を貯めやすくするためです．図1.22 (a) のようにゴム風船を乾いた布でこすります．こすっている時にパチパチと音がすれば電気がたまっているサインです．

手順2　図1.22 (b) のようにゴム風船を電気コップの電極に近づけます．この時にもパチパチと音がするはずです．この音は風船の電気がコップへたまってゆくサインです．これを何回か繰り返してください．なかなか貯まらない場合には，図1.22 (c) のような静電気発生装置も考えてみてください．

(a) 風船を乾いた布でこする.

こすった風船を
電極に近づける

(b) 上側の電極に風船を近づけると電気
がたまる.

図 1.22　実験の手順.

(c) なかなかたまりにくい時には，静電
気発生器を使う.

手順 3　安全のため，まずは放電叉を使って放電させてみてください．放
　　　　電叉を電気コップの 2 つの電極に同時に触れさせると放電しま
　　　　す．これでどれくらいの電気がたまっているか大体わかると思い
　　　　ます．

手順 4　図 1.23 (a) のように何人かで手をつないで輪になってください．
　　　　そのうちの 1 人が片手で外側のコップを持ちます．もう 1 人が上
　　　　の電極に触れると電流が流れます．実験方法は図 1.23 (b) を参考
　　　　にしてください．NIMS では 30 人くらいで輪になってこの実験
　　　　をしたことがありますが，十分に強い衝撃が走りました（百人お
　　　　どしと呼ばれていますので，かなり人数が多くても大丈夫なはず
　　　　です）．この場合には体の中に電流が流れますので，実験は十分
　　　　注意して行ってください．

ここを触ると電気が流れる

外側のコップ
を持つ人

上の電極を
触る人

外側の
コップを
持つ

（a）数人で輪になる．白丸部分を拡大す　　（b）上の電極に触れると電流が流れる．
ると（b）のようになる．

図1.23　百人おどしの遊び方．

手順 5　同様に紙コップを使ったキャパシターも試してみてください．ど
　　　　ちらの衝撃が強いでしょうか？

注意事項

　放電によって高電圧が発生しますので，心臓に病気がある人や
ショックに弱い人は試さないでください．実験の時は，電気をあま
りためすぎないように気を付けてください．例えば，大きなコップ
でやる場合や静電高圧ゼネコンを使う場合など，多くの電気が貯め
られる条件では，予想以上の電流が流れる可能性があるので必ず放
電叉を使ってください．可能であれば，静電容量（電気を貯めるこ
とができる量）を測定できるテスターが市販されていますので，テ
スターでどれくらい貯まるのか，静電容量を確認してください．今
回作った電気コップの静電容量は 30 pF 程度になります（この単位
ファラッド（F）については次節参照）．

うまく実験するには

　アルミホイルをコップに張り付ける時にはなるべく密に隙間ができない
ようにしてください．隙間が多いと電気がよく貯まりません．また，水分
や湿気があると電気が貯まりにくくなります．例えば，空気中の水蒸気量

が多い梅雨や夏は貯まりにくくなります．どうしてもうまく貯まらないという場合には，図 1.22 (c) に示した静電気発生装置など（例えば静電高圧ゼネコンという名称で販売されています）も検討してみてください．

　ここではプラスチックと紙のコップを使いましたが，うまく重なるものであれば何でも同じことができます．例えば，少し大きくなりますが電気バケツも可能でしょう．身の回りにはまだまだおもしろそうな重ねられるものがあると思うので，自分の「電気○○」を考えてみてください．ただし，サイズが大きくなると，ここで作った電気コップよりも多くの電気が貯まるので，放電する時には必ず放電叉を使ってください．

■ キャパシターの構造と 1 ファラッド

　キャパシターは，身近に広く使われているのですが，どこで使われているでしょうか．例えば使わなくなった電気機器のカバーを外してみてください．図 1.24 (a)，(b) のようにいろいろな電子部品がはんだ付けされた基板が出てくるはずです．これらの部品の中で矢印の部品がキャパシターです．この役割は，急な電圧変化から回路を守り電圧を安定させる役目や直流を通さない性質から信号のみを取り出す役割があります．このキャパシ

(b) スーパーキャパシターの側面には静電容量 (1.0 F) と定格電圧 (5.5V) が書かれている．

(a) 電気機器の基板．矢印がキャパシター．

図 1.24　電気回路に使われているキャパシターの例．

ターは図 1.25 のように，電気を通さない絶縁体を電極で挟んだ簡単な構造をしています．電気を貯められる量である静電容量は，この両端に 1 V の電圧をかけた時に 1 モル（6.02×10^{23} 個）の電子がキャパシター内に貯まる時 1 F（ファラッド）と定義されています．キャパシターの横には数字が書いてあり（図 1.24 (b) 参照），一つは静電容量，もう一つは定格電圧でキャパシターが安定して使える電圧上限を示しています．電極間に挟まれている絶縁体には電流は流れませんが，高い電圧をかけると絶縁が壊れキャパシターとして使うことができません．これを絶縁破壊といい，この身近な例として雷があります．

■ 誘電率は比例係数

では，図 1.25 に戻って，キャパシターに貯めることができる電気の量について考えてみましょう．これ以降はいろいろな専門用語が出てくるのですが，なるべく簡単に進めたいと思います．まずはこれまで「電気」と書いてきましたが専門用語では「電荷」といいます．物質が帯びている電気の量で，電荷にはマイナスとプラスがあります．キャパシターに貯められる電荷の量は，何に依存しているでしょうか？ 例えば，大きなキャパシター（電極の面積が大きくなれば）を作ればたくさん電荷が貯まりそうですし，プラスとマイナスの電荷の間に働く引力は距離に反比例するので，電極を近づけると大きな引力が働きもっと電荷が貯まるようになりそ

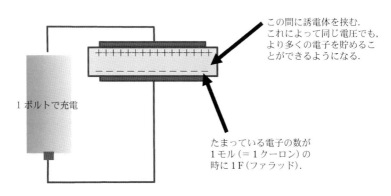

この間に誘電体を挟む.
これによって同じ電圧でも,
より多くの電子を貯めるこ
とができるようになる.

1 ボルトで充電

たまっている電子の数が
1 モル（＝ 1 クーロン）の
時に 1 F（ファラッド）.

図 1.25　キャパシターの仕組み.

うです．これを式で表すと次式になります．

$$電荷の量＝a \times \frac{電極の面積}{電極間の距離} \tag{1.2}$$

　この式 (1.2) から，もう一つ重要な物性があることがわかります．それは比例係数の a です．電荷が貯まる量は，電極の面積と距離を同じにしても電極間に挟む物質によって変わってきます．すなわち，比例係数 a は，電極に挟まれた物質の電気を貯められる能力を表しています．これは誘電率と呼ばれており，誘電率がより大きければより多くの電荷を貯めることができます．したがって，電荷をより多く貯められるキャパシターを作るためには，この誘電率が高い物質を選ぶことが重要になります．

■ 真空でも電気を貯めることができる

　データブックなどでは，誘電率そのものではなく，比誘電率がまとめられています．この比誘電率は，電極間に何もはさまない真空状態における誘電率（真空の誘電率 $8.854187817 \times 10^{12}$ F·m^{-1}）を基準にして，次式で定義されています．

$$比誘電率＝\frac{誘電率}{真空の誘電率} \tag{1.3}$$

　空気の比誘電率はほぼ 1 で，電極の間が真空でも空気でもほとんど電荷の貯まる量は変わらないことになります．しかし，例えばチタン酸バリウムでは数千くらいの値になり，真空の数千倍の電荷を貯めることができます．

　図 1.25 のように，絶縁体を電極で挟んで電圧をかけると，絶縁体には電気が流れないので，電圧に引かれて絶縁体内部がプラスとマイナスを帯びた部分に分かれます．これを分極といいます．分極がより強いと電極の近傍により多くの電荷が集まってきます．式 (1.2) から，分極が強い材料は誘電率が大きく，たくさん電気を貯めることができるということになります．

■ プラスとマイナスが偏る物質

　キャパシターに用いる物質は誘電率が重要であり，誘電率は分極と関係があることを説明しました．分極が生じる材料を誘電材料と呼び，分極の

仕方や分極の大きさによっていろいろな種類があります. 誘電材料の中には, 結晶をわずかに変形させると分極が生じ電圧が発生する材料があります. これを圧電材料 (ピエゾ素子) と呼びます. ギターのピックアップや振動センサー, ライターの発火装置などに使われています. この圧電材料の中には自然に分極しているものがあり, それを焦電体と呼びます. この分極の度合いは, 温度の変化に敏感なので, この特性を利用して人体感知センサーなどとして応用されています. このほかにも強誘電体や反強誘電体などがありますが, それらの詳細はまとめの章にあげた参考文献に譲りたいと思います. ここでは物質の分極が電気を貯める特性と関係しているのだと覚えていてください.

■ スーパーなキャパシター

これまで, キャパシターは電子回路の部品として使われることが一般的で, 同じように電気が貯められるリチウムイオン電池のように携帯電話やノートパソコンの電源に使えませんでした. その主な理由は, キャパシターがそれらの電池と比べて電気を貯められる量が少なかったからです. しかし, この状況は, 電気二重層を用いた蓄電方法によるスーパーキャパシターが開発されたことにより大きく変わりつつあります. スーパーキャパシターでは, これまでに比べて格段に容量が大きくなりました. このスーパーキャパシターと電気二重層については参考書籍をあげておきます.

現在では先に触れたスーパーキャパシターの登場によりキャパシターを自動車などの電源として応用する道筋ができました. 実際にキャパシター電気自動車の試作も行われています. このキャパシターの長所は, 充・放電において物質の移動を伴わないことです (リチウムイオン電池の充放電では, 電極間でリチウム原子が移動します). これにより急速な充・放電が可能になります. スーパーキャパシターには, 容量のほかにもエネルギー密度を上げる, 内部抵抗を下げるなど, いろいろ研究要素がありますが, 広く実用化される日も近いのではないかと思います.

実験 10　　もっと実験してみよう

　前節まででキャパシターと誘電材料についてその概略を説明してきました．最初の実験に戻ると，そこで誘電体として使った材料の比誘電率は，プラコップ (2.5) と紙コップ (2.0) でした．形状はほぼ同一なので，プラコップの方が若干大きいですが，電気が貯まる量にはあまり差がないはずで，電撃も同じくらいだったかもしれません．

　最後にもう一歩進んだいろいろな材料を使った実験を紹介しておきます．電気の貯まる量は，面積と電極間距離，そして間に挟む物質によって変わります．図 1.25 に模式図で示したキャパシターを作り電気の貯まる量に変化があるのか調べてみましょう．

必要な材料

　木の板 2 枚，アルミホイル，セロハンテープ，クリップ 2 つ，静電気発生装置（ゴム風船とふきんでもよい），放電又（最初の実験で作ったもの），テスター（静電容量が図れるもの），誘電材料各種（ポリエチレン，プラスチック，紙，食品用ラップフィルムなど）．これら材料を図 1.26 に示します．

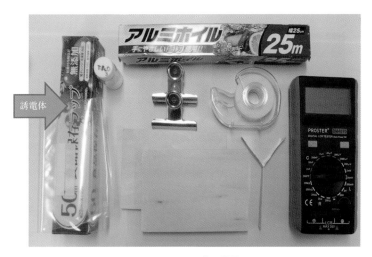

図 1.26　ここで使う道具．

作り方と実験方法

手順1 図 1.27 (a) のように電極を
2 枚作ります．用意した木
板にアルミホイルを巻きつ
け電極を付けます．

手順2 電極の間に誘電材料のポリ
エチレンの袋を挟んでク
リップで留めます．図 1.27
(b) はポリエチレンの袋
を 1 枚挟んだ状態です．ク
リップを通して電気が流れ
ないように，写真のように
電極に触れないように気を
付けてください．これで
キャパシターの完成です．

手順3 ポリエチレンのほかにもい
ろいろ試してください．材
料を変えるほかには，厚さを変える，電極の大きさを変えるなど
です．

手順4 静電気発生装置などを使って電気を貯めた後，放電叉を使って放
電させてください．

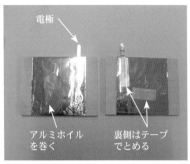

(a) 電極を 2 つ作る.

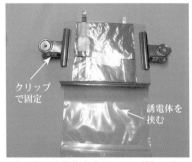

(b) 間に誘電体（ビニールの袋）を挟ん
でクリップで固定する．これでキャパシ
ターの出来上がり.

図 1.27　実験の手順.

うまく実験するには

　図 1.28 では，ポリエチレンの場合どれくらい電気を貯められるか，静
電容量をテスターで測定しています．誘電材料をいろいろ変えて試してく
ださい．その他，材料の厚さを変えたり，電極の間隔を変えたりして静電
容量の変化を調べてみてください．また，実際に放電させた時の火花や音
はどうでしょうか．

　電気がうまく貯まらない場合には，充電中の絶縁破壊の可能性も考えて

みてください．例えば，電極間を空
気にした場合には，充電中にパチパ
チと音が聞こえないでしょうか．こ
れは電極間でミクロな雷が起こって
しまい，放電していることを意味し
ています．そのほかにも，電極の間
隔が近くなると，部分的にショート
している可能性などもありますの
で，原因をいろいろ考察してみるの

図 1.28　ここでキャパシターの静電容量
の測定．1.51nF を示している．

もおもしろいと思います．この実験をする時には，静電容量が大きくなっ
てしまう場合があるので，放電させる時には，手で触らずに必ず放電叉を
使ってください．

まとめ

　本節では電気を貯める方法として，キャパシターを紹介しました．電気
を貯められる量には，誘電率という物性が関連していることがわかってい
ただけたのではないかと思います．NIMS の実験動画では，ここで紹介し
たものとは違ういろいろなキャパシターを作って実験をしています．以下
にウェブサイトを紹介しておきますので興味のある方は，ご覧いただけれ
ばと思います．また，ここではいろいろな専門用語が出てきました．誘電
体やキャパシターについての書籍も併せてあげておきますので，参考にし
ていただければと思います．

参考書籍，ウェブサイト
・岡村廸夫：電気二重層キャパシターと蓄電システム，日刊工業新聞社，(1999)．
・高重正明：物質構造と誘電体入門，裳華房，(2003)．
・アルミ箔で作れる！電池じゃないのに電気を貯める装置
　https://www.youtube.com/watch?v=1dcoLsqxHhU
・前回よりさらにパワーアップ！今度は炭で．電池じゃないのに電気を貯める
　https://www.youtube.com/watch?v=KLlVYn0pFT4

第2章 金属の強さについて調べてみよう

　金属は身の回りのいろいろな用途・場所に使われていますが，第2章では構造材料としての金属を考えます．例えば，東京スカイツリーや鳴門大橋などの大型建造物，自転車のフレームや自動車の車体などの構造物に使われている金属です．金属以外の構造材料としては，プラスチックなどの高分子材料，陶器やガラスなどのセラミックス材料，カーボンファイバーやコンクリートなどもありますが，これらの材料と比べて金属の良いところは，さまざまな用途に合わせていろいろな形に変形できること，強さをいろいろ変えられること，そして実際に広く使われるためにはこれらが安価で提供できることです．これらに加えて構造材料に重要な特性として，粘り強さを表す「靱性」があります．さらに高温で使われる場合には，高温で強いことが必要でそのための試験方法としてクリープ試験があります．第2章では，構造材料としての金属を知るために，金属の強さについていろいろな実験をしてみましょう．専門的な用語も少し出てきますが，実験と合わせて説明の部分も読んでもらえればと思います．

2.1 金属の硬化と軟化

　金属には硬くて強い金属と軟らかい金属があります．例えば，アルミニウム線は柔らかいのですが，これをもっと強くすることはできないでしょうか．ここでは，金属線を強くする方法と軟らかくする方法について実験してみましょう．そして，金属の強さのメカニズムについて考えます．

実験 11　加工硬化を調べてみよう

　ここに 30 cm くらいの針金があります．そこから少しだけ針金を切りとりたい時，ニッパーやペンチなどの道具がなかったらどうするでしょうか？ そんな時には曲げたり戻したりを繰り返せば針金が折れることは経験があるのではないかと思います．最初は軟らかくてよく曲がった針金も，何度も曲げて戻してを繰り返すと徐々に曲がりにくくなり最後には折れてしまいます．このように材料の形を変えること（この場合は曲げ伸ばしに相当します）を加工といいますが，針金は曲げられて加工された部分が硬く，脆くなることで破断しました．この現象は加工硬化と呼ばれています．ここではこの加工硬化について調べてみましょう．

用意するもの

　太目の銅線（直径 2 mm くらい），金づち，金床，雑誌

　少し太めの銅線を用意してください．直径は 2 mm くらいのものが良いと思います．長さは 15 ～ 20 cm くらいが適当です．これよりも短くすると加工しにくくなります．雑誌は床を傷付けないように金床の下に敷いて使います．ここで使う道具を図 2.1 に示します．

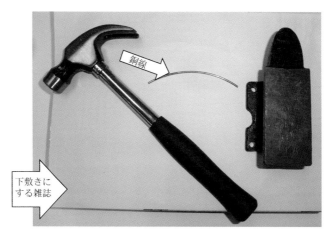

図 2.1　ここで使う実験道具.

実験方法

手順 1　図 2.2 (a) のように銅線の端から 2 cm くらいのところを直角（L字型）に曲げてください．この時の銅線の強さ（どれくらい曲げやすいか）を覚えておいてください．

手順 2　金床の上に L 字に曲げた銅線の部分を乗せます．金床がない場合にはコンクリートやレンガなどの硬くて傷が付いてもよい場所を探してください．銅線の反対の端（長いほう）をしっかりつかんでください．L 字型に曲がっている部分を金づちで叩きます（こ

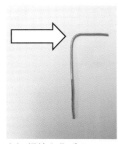
(a) 銅線を曲げる.

(b) 曲げたところを加工する.

(c) 元に戻す.

図 2.2　実験の手順.

れが加工です). 叩く目安としては元の直径の8割程度になるくらいまでつぶせば十分です (図2.2 (b)).

手順3 図2.2 (c) のようにL字に曲げた部分を真っすぐに戻します. 叩く前と後でどれくらい強さが変わったのかを意識しながら戻してください.

> **注意事項**
> 誤って金づちで指や手を叩かないように気を付けてください. そのためには, 先ず針金の長さを短くしないようにしてください. 銅は比較的軟らかい金属なので, 力を入れて叩かなくても変形します. 一気に8割まで加工しようとしないで, 軽く叩いて少しずつ変形させるようにすると安全にうまく加工できます.

さらに実験するには

加工の割合 (銅線の径の変化) と強さの関係も調べてみてください. 銅線をあまり叩きすぎると薄くなる, 軟らかく感じると思います. 一方でほんの少しだけしか加工しなかった場合はどうでしょう. たぶん, 最初の線径のだいたい8割くらいが最も差を感じることができるのではないかと思います.

鉄線, 黄銅線, アルミ線, ステンレス線, ピアノ線なども同じように実験をして違いを調べてみてください. 加工の前後でどれくらい強さは変わっているでしょうか. この時に同じくらいの太さの線材を使い, 変形量を同じくらいにすることが重要です. ここで使った銅線のサイズ (直径2 mm) は難しいかもしれませんが, 直径1 mmくらいであればいろいろな金属線が手に入るでしょう.

実験 12　金属の軟化

　実際に金属で何かを作る時には，多くの場合で強い金属が求められます．一方で，使うためには金属を使う形に変形させないといけません．この必要な形に変形させるためには，できるだけ軟らかい方が都合がよいのです．硬くて強い金属は，変形させる途中で割れてしまうことがあります．例えば，金属の板をスプーンとかフォークの形にしようとした時に途中で割れたり折れたりしてしまったのでは使い物になりません．したがって，金属を強くする方法も重要ですが，金属をうまく加工するためには軟らかさを利用するのも大切です．ここではこの金属の軟化について実験してみましょう．

用意するもの

　太めの銅線（線径 2 mm くらい），キャンプ用バーナー，ラジオペンチ，水を張ったバット，金づち，金床，雑誌．ここで使う道具を図 2.3 に示します．

図 2.3　ここで使う実験道具．

この軟化の実験は，加工硬化の実験に続いて行います．加工硬化の実験でL字に曲げたところを金づちで叩いて加工した後，元に戻したところから始めます．この段階で，L字に曲げた部分は加工硬化により硬くなっていることを確認したと思います．実験11の手順3に引き続いて，以下の操作を行います．

手順4 図2.4(a)のように硬くなった部分をバーナーで赤くなるまで加熱します．曲げた部分だけではなく，少し広い範囲（曲げたところから1～2 cmくらいの範囲）を加熱してください．この時に，1.1節の熱伝導の実験を思い出して，ラジオペンチを使ってください．熱伝導の実験の経験があれば，銅を加熱すると聞いただけで，すぐにどれくらい熱くなるのか"熱い・火傷"と直感できると思います．

手順5 十分に加熱した後，すぐに水に入れて冷却します（図2.4(b)）．この時に銅線全体を水に入れてください．

手順6 加熱した部分をまたL字型に曲げてください．この時にどれくらい軟らかくなったかを意識しながら曲げて

(a) 加工硬化して硬くなった部分を加熱する．

(b) 加熱後すぐに水に入れて冷却する．

(c) 加熱した部分をもう一度曲げてみる．

図2.4 実験の手順．

ください（図 2.4 (c)）.

■ 金属線の変形をよく観察すると

　加工によって金属が硬くなったり, 軟らかくなったりする現象を考える
時には, いくつか専門的な説明が必要になります. キーポイントは「転位」
です. ここではできるだけ簡単にその考え方を説明します.

　金属が硬くなる・軟らかくなるとは, 金属が変形しにくくなる・変形し
やすくなると言い換えられます. では金属が変形する時に金属の中では何
が起こっているのでしょうか? 今回の実験で行った金属線の変形は肉眼
で見えるマクロな現象ですが, それを理解するためには, 金属線を構成し
ている原子がどのように動いているのかという電子顕微鏡でしか見えない
ミクロな視点で何が起こっているのかを考える必要があります. まずは,
マクロな変形を観察してみましょう. 金属線の変形をよく観察してみると,
変形には 2 種類あることがわかります. 図 2.5 の模式図と合わせて考えて
みてください. 金属線の一端を持って, 反対の端を少しだけ曲げてみま
しょう. 力が弱い時には, 曲げた後で力を除くと, ばねのように元の形に
戻ります. これを「弾性変形」と呼びます. それではさらに強い力をかけ
て曲げてみてください. そうすると, 力を除いても金属線は元の形には完
全に戻らなくなることがわかります. この元の形に戻らない変形を「塑性
変形」と呼びます.

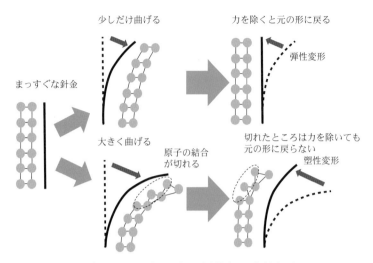

図 2.5　針金のマクロな変形の種類（弾性変形と塑性変形）.

■ 原子の結合が切れると形は戻らない

　次にこの弾性変形と塑性変形をミクロな目でみてみましょう．力がか
かった時，金属線の中で原子はどのように動いているでしょうか．図 2.5
には，マクロな針金と合わせて，原子の並びのイメージも併記しています．
図のように弾性変形では原子同士の結合が切れないために力を除くとばね
のように元に戻ることができるのに対して，塑性変形では強い力で一度原
子の結合が切れてしまうため力を除いても矢印の部分が元に戻らないので
す．その結果，金属線全体が元の形に戻ることができなくなります．これ
がミクロに見た金属の変形の一番簡単なイメージです．

■ 弱いところから変形する

　次にもう少し実際に近い状態を考えましょう．図 2.6 (a) のようにきれ
いに原子が並んだ結晶を完全結晶といいます．しかし，実際の金属線の中
の原子はこのようにきれいに並んでいるわけではなく図 2.6 (b) のように，
原子が 1 個抜けていたり，線状に原子が抜けていたり，原子の積み重なり
が変わっていたり，原子サイズの違う不純物が混ざっていたりします．こ
れらの結晶の不完全性を「格子欠陥」と呼んでいます．そして格子欠陥の

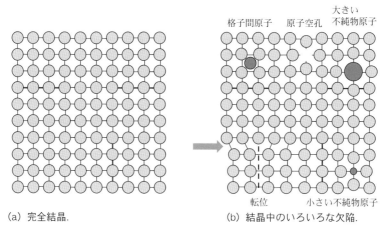

格子間原子　　原子空孔　　大きい
不純物原子

(a) 完全結晶.

転位　　　　　　小さい不純物原子

(b) 結晶中のいろいろな欠陥.

図 2.6　結晶と欠陥.

部分をよくみると，原子の結合が切れていたり，原子と原子の間隔が伸びていたりするのがわかると思います．そのためこれらの格子欠陥の周りの原子は，その他の完全な結晶部分の原子よりも，周りとの結合の力が弱くなっています．したがって，金属線のマクロな変形にはこれらのミクロに不完全な部分（弱い部分）が何らかの役割をしているだろうと想像できるのではと思います．すなわち，結晶を変形させようと力をかけると，まず結合の弱い部分（格子欠陥）から変形が始まります．そして，これらの弱い部分の中で特に重要になってくるのが「転位」と呼ばれる格子欠陥です．次にこの転位が金属結晶の中でどのような働きをしているのか考えてみましょう．

■ 変形の主役は転位

　図 2.6 (b) の結晶の左下部分にある欠陥が転位です．矢印よりも上の原子と下の原子の並びを比べると，ちょうど完全結晶から，点線の部分の原子面を 1 枚取り出したことに相当します（取り出した原子面が刃状なので刃状転位と呼ばれています）．この転位の動きを考えてみましょう．図 2.7 (a) のように刃状転位を含むこの結晶に両側からそれぞれ矢印の向きに力

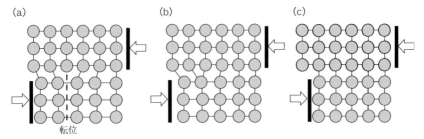

図 2.7　矢印の方向に力をかけた時の刃状転位の動き．(a)→(b)→(c) と転位が動き最後に消滅して完全結晶にもどる．

をかけます．すると，転位は (a) → (b) → (c) と左側へ動き，転位が動いた後は，図 2.7 (c) のように原子の並びがずれた結晶になるため元の形には戻りません．これが先に説明した元に戻らない塑性変形です．このような原子のミクロな動きの積み重ねで，力をかける前と後で針金が曲がる（形が変わる）ということになります．

■ 主役が増えすぎた結果

　次に，転位と変形のしやすさの関係を考えてみましょう．転位が動くことによって塑性変形が生じると説明しましたが，そこから考えると，力をかけた時に転位が動きにくい状態が硬い状態，転位が動きやすい状態が軟らかい状態に対応しそうだと思えるでしょう．転位が動きにくくなる原因にはいろいろなものがありますが，加工硬化の場合には，転位が加工によって増えることが原因です．これを転位の増殖といいます．転位が増える大雑把なイメージですが，変形というのは外から力をかけて（ハンマーで叩いたりして）原子の並びを壊そうとしていることだと考えると，力を加えることで結晶が壊れた部分（格子欠陥）が増えてくるだろうとイメージできると思います．1 cm^3 の結晶中には，軟らかい状態では 10^6 cm くらい，硬くした（加工硬化した）状態になると 10^{12} cm くらいの転位が存在しています（これは地球の約 250 周分の長さになります）．加工によって転位が増えると，転位同士が絡み合い，絡み合った転位は動きにくくなります（たくさんの紐が絡み合っている状態をイメージしてください）．これ

が加工に伴って変形しにくくなる加工硬化の原因です.

■ 主役を減らす

　一方で,硬くなった金属を加熱すると軟らかくなります.これは,熱を加えたことで転位が少なくなるために,一つ一つの転位が動きやすくなることによります.加熱することによって,結晶を構成している原子の動きが活発になり結晶の壊れた部分が元の形に修復されるとイメージしてください.これを回復現象と呼んでいます.

■ 理想的な結晶

　では,もし転位などの格子欠陥がまったくなかったらどうなるのでしょうか? この状態を完全結晶と呼び,完全結晶の強さを理想強度といいます.例えば純鉄の場合には,理想強度は約 10 GPa になります.現在,最も強い鉄合金の一つ,ピアノ線で約 4 GPa 程度,大型構造物である東京スカイツリーに使われている高強度鉄合金(スーパーハイテンという合金です)は 0.78 GPa であることを考えると,鉄はまだまだ強くできる可能性を秘めているといえます.これは,アルミニウムや銅などの他の金属材料も同じです.ここで説明した転位については,書籍を最後に挙げておきますので参考にしてください.

ほっておくと強くなる時効硬化

　金属を強くするには，加工をして転位を増やす他にもいくつかの方法があります．ここではその一つ，時効硬化を取り上げます．この現象は，その名の通り，ある処理をすると最初は軟らかかった金属が時間とともに硬くなるという現象です．1906 年にドイツの研究者 (A. ヴィルム) がアルミニウム (Al) に少し銅 (Cu) とマグネシウム (Mg) を添加した合金で発見し，ジュラルミンと名付けられました．現在ではその軽くて強い特徴を生かして広く航空機用材料として使われています．最初のヴィルムらの実験では，Al-4％Cu-0.5％Mg 合金を用いて，焼入れ処理後 (高温から急に冷やす熱処理で 2.2 節で実験します)，室温で 24 時間放置したところ，時効前 HB70 →時効後 HB100 と硬さが 1.5 倍程度になったと報告されています．ここで「HB」は材料の硬さを表すもので，ブリネル硬さを意味しています．先端に金属球の付いた針を，金属表面にある重さで一定時間，押し付けます．この時にどれくらい針が深く刺さったかを測ることで金属の硬さの指標とする方法で，数字が大きくなるほど硬いことを意味しています．

　ここでは，ヴィルムの発見した硬化現象に挑戦してみましょう．この実験には注意事項が多いので，実際に実験する前に，実験方法と注意事項をよく読んで安全に実験を行ってください．先に結論を書いてしまうと，この実験はこの手順では成功は難しいのですが，思ったように金属の強さをコントロールする難しさを感じるよい例としてあえて取り上げています．実験の改善方法はキーポイントに書いてありますので参考にしてください．

用意するもの

　ジュラルミンの板 (2 枚)，アルミニウム線，バーナー，ラジオペンチ，水を入れたバット．ここで使う道具を図 2.8 に示します．作業を行うテーブルにはアルミホイルを敷いておいてください．万が一溶けた金属が落ちた時にテーブルが焦げるのを防止するためです．

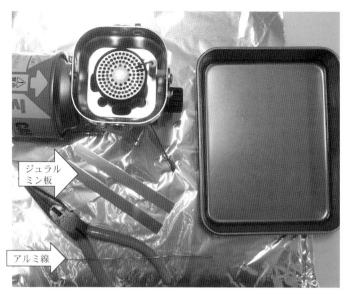

図 2.8　ここで使う実験道具.

手順1　ジュラルミン板の準備. 幅 100 mm, 長さ 200 mm, 厚さ 1 〜 2
mm くらいのものがインターネットやホームセンターなどで手に
入ると思います. ホームセンターには金属板の加工サービスがで
きるところがありますのでそこで, 図 2.8 のような短冊形に切っ
てもらってください. 図では幅 10 mm × 長さ 100 mm × 厚さ 1
〜 2 mm にカットしています.

手順2　初期のジュラルミン板の強さを確認します. まずは板を中央で
90° に曲げてみてください. かなり強い材料だとわかるでしょう.
これが, 硬くなった時のジュラルミンの強さです. これを覚えて
いてください (図 2.9 (a)).

手順3　アルミニウムの軟らかい時の強さを確認します. アルミニウム線
を曲げてみてください. こちらはかなり軟らかいと思います.

手順4　次にもう 1 枚のジュラルミン板を加熱します. 加熱する前に, 冷
却用の水を近くに用意してください. 加熱する温度の目標は 400

～500℃です．ジュラルミン板の温度が上がってくると，炎が赤っぽくなります（図2.9(b)）．さらに加熱を続けると板の表面が徐々にくすんできます．これらが溶ける直前の兆候ですので，ここまで加熱してはいけません．炎がわずかに赤くなるくらいが限界の温度です．火からの距離を調整して，それくらいの温度に保ってください．その後，水中へ全体を入れて急冷してください（図2.9(c)）．ジュラルミンが溶けると事故につながるので，この手順は注意事項をよく読んでからやってください．

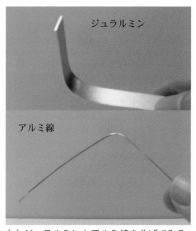

(a) ジュラルミンとアルミ線を曲げてみる．

(b) ジュラルミンを加熱する．

手順5　次に時効硬化処理を行います．通常，アルミニウム合金は200℃前後で時効しますが，室温でも数カ月経つと少し硬くなりますので，このまま放置してください．

(c) 加熱後急冷する．

図2.9　実験の手順．

手順6　時効処理には時間がかかるので，まずはジュラルミン板を十分冷却したら，加熱したところを曲げてみてください．本来はこれで軟らかくなっているはずです．この時に最初に曲げた

時の強さと比べてください．軟らかくなっているでしょうか？
脆くなっていたら失敗です．

うまくいかない原因

　この手順で実験を行った時の結果を先に書きます．手順 6 で曲げると，
最初の強さとあまり差が感じられなかったはずです．また，加熱前は比較
的良く曲がったのが，加熱後は折れてしまったと思います．本当は手順 4
をすることで，アルミニウム線のように軟らかくなり，手順 5 でまた強さ
が戻るはずなのですが，これではうまくいきません．

　ジュラルミンと一口にいっても，そこに含まれる元素の種類と量はさま
ざまです．思うような強度を持つジュラルミンを作るには，それぞれの合
金にあった最適な温度管理（熱処理）が必要になります．一般的にジュラ
ルミンの熱処理は，500 〜 550℃程度で数時間保った後に冷却し，200℃程
度で数時間の時効処理を行います．これらの温度と時間をそれぞれの合金
に合わせて正確にコントロールしないとこの実験はうまくゆきません．可
能であれば，加熱温度や加熱時間などの条件を変えてみて，同じように試

してみてください．そのためには温度の制御できる電気炉が必要になります．なかなか最適な条件を探すのは難しいと思いますが，実際にはこれらを最適化して製品が作られています．したがって，便利な製品の裏には数多くの実験データがあることが想像できるのではないかと思います．

■ 何が起こっているのかをミョウバンで考える

　時効硬化では，金属中のミクロ組織の変化が起こっています．具体的には，アルミニウム結晶の中に微細な Al と Mg，Al と Cu の化合物結晶が現れます．これを析出と呼びます．金属では中が見えないので，水溶液の例で考えましょう．まず，ビーカーのお湯（60℃くらい）にミョウバンを十分溶かします．それを冷却すると，徐々にミョウバンの細かい結晶が水溶液の中に現れます．水の中に溶けることができるミョウバンの量は，温度が高くなると多く，低くなると少なくなるからです．これと同じことがジュラルミンでも生じています．高温では Cu や Mg は，アルミニウムの中に十分に溶けることができるのですが，温度を下げると過飽和となり，Al, Cu, Mg を主体とした別の結晶が時間とともに現れてきます．これは固体中の反応なので，水溶液中のミョウバンの晶出よりも原子が動くのに多くの時間が必要となります．これが固体で生じる時効処理に時間がかかる原因です．

■ ここでも転位が関係している

　それでは，化合物の析出というミクロな変化は強さというマクロな変化とどのような関係があるのでしょうか？　答えはまた転位の登場です．転位は増えすぎるとお互いが絡み合って動けなくなり金属が硬くなると，加工硬化のところで説明しました．ジュラルミンの場合，転位が動くのを邪魔するのは細かい Al-Cu-Mg 化合物になります．転位がジュラルミン中に析出した化合物に引っかかって動けなくなるため，硬くなるのです．紐（転位）に画びょう（化合物）を刺して固定するイメージです．

ライト兄弟がジュラルミンを手に入れていたら

　1903 年にライト兄弟はエンジン付きの航空機を自作し，その飛行に成功しました．この時の飛行機は主に木と布で作られていて，飛行時間は59 秒，飛行高度は数メートル，飛行距離は 260 m くらいだったようです．このデータから飛行速度を計算すると時速 16 km/h くらいになります．この後，イタリア人のフェラリンがイタリアから日本まで飛行してきたのは 1920 年です．そして，現在の航空機はというと，長距離路線では時速はだいたい 800 km /h ぐらい，飛行高度は 10000 m 付近を飛んでいます．そして戦闘機であれば最高速度は 3000 km/h にもなるようです．このように，航空機はこの 100 年で大きな進歩がありました．スタジオジブリのアニメ「風立ちぬ」では，ゼロ戦の設計者である堀越二郎氏が主人公で，映画では知恵を絞って飛行機を設計している様子が描かれています．これは第二次世界大戦直前なので 1930 年代の物語で，ライト兄弟の初飛行から 30 年程度しか経っていません．この間のライト兄弟とゼロ戦で大きな変化をもたらしたものはなんでしょうか．多くの要因が挙げられますが，その重要なものの一つは材料の進歩です．飛行機が速く，高く，そして遠くまで飛ぶためには，より軽くて強い材料が必要です．ライト兄弟の当時は，その条件を満たす材料は木と布でした．一方，ゼロ戦はそれらよりももっと軽くて強い材料であるジュラルミンでできていました．本文にも取り上げていますが，ヴィルムがジュラルミンを開発したのは，ライト兄弟の初飛行の少し後 1907 年です．ジュラルミンが発見されると，すぐに改良が進められ超ジュラルミン，超々ジュラルミンとより強い材料へ進化してゆきました．日本でも五十嵐勇博士によりジュラルミン研究が進められ，超々ジュラルミンが開発されています．さらに現在の最新の飛行機はどうでしょうか．たとえばボーイング 787 ではプラスチック (炭素繊維強化複合材料) が採用されており，次世代ではジュラルミンに代わり広く使われるようになるかもしれません．

　ここで紹介した航空機の開発の歴史からは，材料が時代を変えてゆく様子が見てとれます．100 年前の木と布が中心の機体のままでは，たとえエンジンが高性能になっても，飛行機の設計技術が向上しても，航空機の大きな性能向上にはつながらなかっただろうと思います．材料の進歩が現在の航空機の時代を開いてきたといったら言い過ぎでしょうか．そして将来，さらに特性の良い材料が開発されたらどんな時代が来るでしょうか．または，もう少しだけヴィルムの研究が早かったら，今私たちが使っている強くて軽い材料をライト兄弟が知っていたら，それに続く今はどんな時代になっていたでしょうか．

実験14　ミョウバン水溶液中の析出

　前節で取り上げたミョウバン水溶液とアルミニウム合金の違いは，液体か固体かの違いです．それによって析出現象が起こる速度が大きく異なってきます．水溶液中では原子・分子が比較的自由に動けるので，短時間でミョウバン結晶が現れるのに対して，結晶の中を移動する原子の速度は遅いため，Al-Cu-Mg の結晶が析出するまでに時間がかかります．アルミニウムを使って実験をすると長時間待たなければいけないのと，金属は透明ではないので析出を直接観察できないので，ここでは模擬的ですがジュラルミンのミクロな変化をミョウバン水溶液を使って考えてみましょう．ミョウバンは単結晶を作る実験でよく取り上げられますので，ご存知の方も多いと思います．しかし，ここでは単結晶ではなく多くの結晶を一度に生成させる実験に使います．ミョウバンを溶かすお湯の温度，溶かすミョウバンの量，冷却する速さによって，ミョウバン結晶の晶出の仕方がどのように変わるのか観察しましょう．

用意するもの

　保温プレート，焼ミョウバン（水和物を使って秤量する場合には，焼ミョウバンの約2倍の重量を目安にしてください），ビーカー（なければガラスのコップなど），撹拌用の割りばし，バット（氷水を入

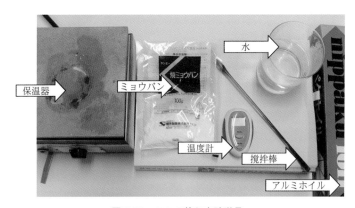

図2.10　ここで使う実験道具．

れたもの），温度計，アルミホイル．ここで使う道具を図 2.10 に示し
ます．

実験方法

手順 1 保温プレートに水 250 ml を入れたビーカーを置き加熱します
（ポットのお湯を使うと早いでしょう）．保温プレートで室温から
加熱する時にはアルミホイルで蓋をして蒸発を防いでください．
温度が一定になるまで少し待ちます．多くの保温プレートは 80
～ 90℃ くらいになるように設定されていますが，もし温度が高
すぎる場合にはビーカーの下に新聞紙などを敷いて温度を調節し
てください．

手順 2 20 g の焼ミョウバンを秤量してください（図 2.11 (a)）．

(a) ミョウバンを秤量する．

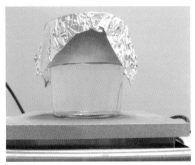
(b) ビーカーに入れて加熱する．

(c) 白濁がなくなるまで撹拌する．

(d) 完全に溶けた状態．

図 2.11 実験の手順．

手順3 ビーカーをホットプレートの上に置き80℃のお湯に焼ミョウバンをよく溶かします（図 2.11 (b)）．完全に溶けるまでよく撹拌してください．最初は白濁していますが（図 2.11 (c)），焼ミョウバンが完全に溶けるとまた透明な液体に戻ります（図 2.11 (d)）．

手順4 ビーカーを保温プレートから外して，濃い色の紙の上に置きます．

手順5 ここから，時間と温度を測定してください．合わせて冷却時のビーカーの中の様子を観察してください．

手順6 30 〜 40 分くらいで 45℃程度まで冷却されるはずです．このくらいの温度になったら溶液を静かに撹拌してください．

手順7 40℃以下になったら撹拌を止めて，そのままビーカーの中をよく観察してください．雪のような細かい結晶ができたら成功です．これと同じような結晶の晶出が固体の金属の中でも起こり，金属の強さにつながっています．

注意点

保温プレートやお湯を使いますので，やけどには注意してください．

うまく実験するには

80℃ではここで使った量よりももっと多量のミョウバンを溶かすことができますので，ミョウバンを溶かす量を増やした場合も実験してください．ミョウバンの量が増えると溶かしにくくなりますが，完全にミョウバンを溶かすことが重要です．もしミョウバン結晶が溶け残っていると，冷却時にそれを核として，ミョウバンが成長してしまいます．また，ビーカー内に埃が付いていると同じように埃を核として成長してしまいますのでできるだけきれいなビーカーときれいな水を使ってください．

転位を見えるようにするには

　金属の強さを説明するにはどうしても転位を考えないといけません．本文でも頑張って説明しているのですが，どうしてもうまくイメージできないという方もいるかもしれません．そんな方々のために，転位の研究について，その初めごろの話をしたいと思います．その当時の最先端の研究者もやっぱりよくわからなくて，同じように悩んでいたのです．

　本文でも説明しましたが，結晶には理想強度というものがあります．原子がきれいに並んでいて，それが割れる・壊れるためにはどれだけの力を掛けないといけないかというものです．純鉄だと 10 GPa くらいですが，実際にはその 1/10 ぐらいの力で壊れてしまい，現実は理想に遠く及びません．その理解のため，転位という考え方が提案されたのは 1934 年（G.I.Taylor ら）で，転位があると弱い力でも変形して壊れてしまうという理論が提案されました．物質の中の原子は，すべてきれいに並んでいるのではなく，並びが崩れているところ（転位）があるという理論です．いまでは電子顕微鏡を使って，崩れた並び（転位）を観察できますが，当時はそんな装置はありません．そのため，当時の研究者は原子の並びをどうにかして再現し，理論を確かめようと苦心しました．そして何を使ったかというと，シャボン玉です．シャボン玉を原子に見立てて並べてゆきます．すると，シャボン玉はすべてきれいに並ぶのではなく，ところどころ転位の理論と同じように，並び方が崩れるところができてくることがわかりました．そして転位を含む並んだシャボン玉に力を加えると，並び方が崩れたところから，原子が動き始めたのです．この実験をしたのは，X線回折で有名な Bragg で，1947 年ごろのことでした．この実験で，転位理論を研究していた研究者たちは勇気づけられたと文献（斉藤安俊，北田正弘編：金属学のルーツ，内田老鶴圃，(2002)）にあり，当時の研究者が観察できない転位というものを想像しながら苦心していたことを示しています．このシャボン玉が並んでいる様子は同文献を参照してください．この後，ついに 1956 年に電子顕微鏡で転位が直接観察され，転位論はこのころに一応の完成を見たとされています．今から 60 年ほど前のことで，つい最近まで，金属がどのように変形するのか，強化されるのかについて転位なしに議論されていたということになります．今では転位の研究は進み，強い金属を開発するための基礎理論として広く使われています．また，現在ではシャボン玉ではなく，スーパーコンピューターによる原子と転位の動きのシミュレーションが行われています．

まとめ

　金属の変形には，弾性変形と塑性変形があり，転位という原子の並びの乱れた格子欠陥が強さと関連しています．加工により転位が増えて絡み合うことで転位が動けなくなって硬くなります．時効硬化は，アルミニウム合金だけではなく，いろいろな合金で広く用いられている金属の強化方法です．析出で表れた結晶に転位がピン止めされて転位が動きにくくなるために強くなります．最後にさらに勉強したい人のために，いくつか参考書籍を挙げておきます．

参考書籍
・鈴木秀次：転位論入門，アグネ，(1967).
・斉藤安俊，北田正弘編：金属学のルーツ，内田老鶴圃，(2002).

2.2 金属の熱処理

2.1 節の実験で，加熱した後に水の中に入れて急に冷やすという処理を行いました．主にやけど防止のための操作でしたが，これは熱処理の一つで「焼入れ」と呼ばれています．この場合には水を使っていますので水焼入れと呼び，水ではなく油を使えば油焼入れとなります．これらの他にも焼入れにはいろいろな種類があります．これらの違いは，高温に加熱した材料をどの温度まで，どれくらいのスピードで冷却するのかというのが主な違いです．さらに，焼入れの他にもいろいろな加熱・冷却の仕方が考えられると思いますが，そういった材料を加熱したり冷却したりする操作全般を「熱処理」と呼びます．この熱処理の目的は，材料の機械的特性（強さなど）をコントロールすることです．刀鍛冶が熱した刀を最後に水中に焼入れて強くするのは典型的な熱処理の例で，熱処理によって材料の強さは大きく変化します．ここでは，多くの種類がある熱処理の中でも代表的な「焼入れ」，「焼戻し」，「焼なまし」の 3 つの熱処理について実験をしてみましょう．

■ 鉄？鋼？鋳鉄？何が違うの

今回熱処理の実験に使うのはピアノ線という非常に強い鉄線です．このピアノ線は鉄に炭素を重量％で 0.6 ～ 0.95％含んだ炭素鋼と呼ばれるものです．なぜ炭素鉄と呼ばないのか？ ここで「鉄」と「鋼」の違いについて説明します．ピアノ線もそうですが，みなさんが鉄と呼んでいる材料のほとんどは鉄に炭素を含んだ鉄と炭素の合金です．含まれる炭素の量が少ない 0 ～ 0.02 重量％のものを「鉄」または純鉄と呼びます．そして，0.02 ～ 2.1 重量％の炭素を含むものが「鋼」です．ピアノ線はこの範囲に入るので鋼になります．第 1 章で使ったステンレスも，微量の炭素を含むため「鋼」に分類され，ステンレス鋼と呼ばれる場合があります．鋼よりも炭素を多く含むものはまた鉄という名前に戻って「鋳鉄」と呼ばれます．こ

のようにいろいろな名前が付けられているのは，鉄は微量な炭素の量の違いによって，その強さや特性が大きく変わるからです．鉄と炭素の合金は，この他にもいろいろな区別がされ，いろいろな名前が付けられていますが，それは古来より鉄が人類の身近にあり，そして重要な金属であったことを示しています．

実験15 鋼の熱処理をやってみよう

では実際に鋼の熱処理（焼入れ，焼戻し，焼なまし）の実験を始めましょう．焼入れとは高温に加熱した材料を急激に冷却する操作です．これによって鋼は強く硬くなります．焼戻しは，焼入れによって強くなりすぎた鋼の強さを制御するためのもので，少しだけ熱を加えたのち冷却します．これにより靭性（折れにくさ，粘り強さ）が向上します．靭性については2.3節で詳しく取り上げます．焼なましは，材料を加工しやすいように軟らかくする操作で，高温に加熱した後ゆっくりと冷却します．

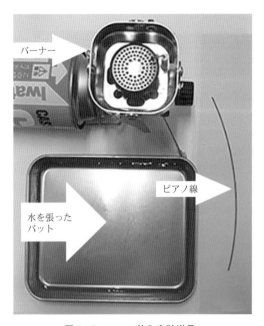

図 2.12　ここで使う実験道具.

用意するもの

　ピアノ線（20 cm くらい），バーナー，水を張ったバット．ここで使う道具を図 2.12 に示します．ピアノ線の太さは 1 mm くらいのものが扱いやすいと思います．火を使うのでアルミホイルなどを下に敷いてください．

実験方法　焼入れ

手順 1　ピアノ線の端から 5 cm くらいのところを直角に曲げてください．この時のピアノ線の強さを覚えておいてください（図 2.13 (a)）．

手順 2　L 字型の短い部分（5 cm）をバーナーの火の中にまっすぐ入れます（図 2.13 (b)）．この時に曲げた部分全体が赤熱するまで十分に加熱してください．

手順 3　十分に加熱したら，水を張ったバットの中に素早くピアノ線全体を入れてください．これで焼入れが完了です（図 2.13 (c)）．

手順 4　加熱した 5 cm の部分の先端から 1 cm くらいのところを曲げてみてください．強さは焼入れによってどう変わったでしょうか？ この後の実験で使うので，先

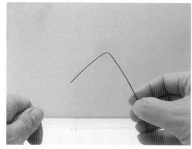

(a) 先端から 5 cm ぐらいのところを曲げる．

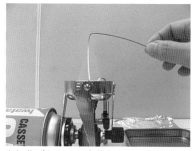

(b) 曲げたところ全体を十分に加熱する．

(c) 加熱後すぐに水中に入れる．

図 2.13　焼入れ実験の手順．

端部分だけを曲げてください.

　先ほど焼入れしたピアノ線を用いて焼戻しを行います．これは焼入れ
の後に行う熱処理なので2つを合わせて，「焼入焼戻し処理」と呼びます．
焼戻しではピアノ線の焼入れをしたところをわずかに加熱するのですが，
加熱温度に注意が必要です．

手順5　ピアノ線の焼入れた部分を
色が変わらない程度に炙り
ます（図2.14）．バーナー
の火の上部を使って，ピア
ノ線を火の中に入れたり出
したりするのを2～3回繰
り返した後，水に浸けて冷
却してください．この時の
加熱温度の目安は500℃で

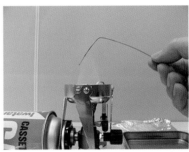

図2.14　焼戻しの様子．線が赤くならな
いようにすること.

す．ピアノ線の色が変わってしまったり，加熱している時に炎が
赤くなったりしてはいけません．

手順6　手順4と同じように焼戻しをした部分の先端から1 cmくらいの
ところを曲げてみてください．どのように強さが変わったでしょ
うか？

手順7　焼戻しをした部分をまた加熱します．図2.15 (a) のように赤熱さ
せて十分に加熱してください．

手順8　続いてピアノ線を冷却しますが，この時にゆっくりと冷却するこ
とが重要です．ピアノ線を火からすぐに出すと細いピアノ線はす
ぐに冷却されてしまいます．ゆっくり冷却するには，ピアノ線を
少しずつ火の上の方に動かしてください．完全にピアノ線を火か

(a) 曲げた部分を十分に加熱する.

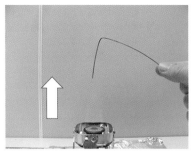
(b) 少しずつ上に持ち上げる.

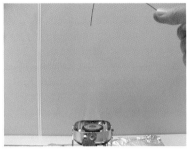
(c) さらに火から離していく.

図 2.15　焼なまし実験の手順.

ら引き抜くまでに 1 ～ 2 分くらいかけてください (図 2.15 (b) ～ (c)).

手順 9　ピアノ線を火から出したら, 水の中に入れて冷却します.

手順 10　ピアノ線の焼なました部分を曲げてみてください. 強さはどうなっているでしょうか？

注意事項
　ピアノ線は色が赤く変わっていなくてもかなり高い温度になっていることがあります. やけどを防ぐため, 加熱後は必ず一度水に浸けてください. またピアノ線の先端が尖っていることがありますので, 先端でけがをしないように注意してください.

■ ピアノ線は銅線とは違う

　時効硬化の実験で行ったアルミニウムを高温に加熱する処理も，熱処理の一つで「溶体化処理」と呼びます．これは金属を高温に保つことで，添加元素を十分にアルミニウムの結晶の中に溶解させる処理です．ミョウバン水溶液であれば，水溶液を加熱することで晶出したミョウバン結晶を水に全部溶かして均一な水溶液にすることに相当します．加工硬化と軟化の実験では銅線を高温に加熱しましたがこれも溶体化処理です．溶体化処理の後に急冷（焼入れ）した銅は，軟らかくなりましたが，ここで実験したピアノ線はどうだったでしょうか？ 同じように急冷したのに硬く脆くなったと思います．この違いはなんでしょうか？

■ ピアノ線が特別なのは

　銅やアルミと違って，ピアノ線を特別にしているのは鉄の同素変態と鉄に含まれる炭素にあります．1.2 節の磁性の実験でも少し説明しましたが，同素変態とは化学組成が変わらないまま結晶構造が変わることで，鉄の場合には低温側から順に，体心立方格子（〜 912℃），面心立方格子（912 〜 1394℃），体心立方格子（1394 〜 1538℃）と結晶構造が変わり，最後に融解（1538℃〜）します．これら鉄の同素体には，名前が付けられており低温側からそれぞれ α 鉄，γ 鉄，δ 鉄と呼びます．さらに別の名前も付いていて，α 鉄はフェライト，γ 鉄はオーステナイト，δ 鉄はデルタフェライト

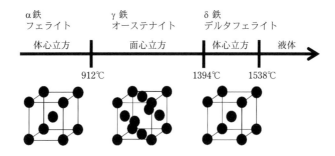

図 2.16　鉄の同素変態と結晶構造．912℃，1394℃に同素変態が生じる．1538℃は鉄の融点．

と呼ばれています．図 2.16 はこの変化をまとめたものです．このように同素変態する鉄に対し，銅とアルミニウムの結晶は，低温から高温まで同じ結晶構造のままで同素変態しません．そして，もう一つの要素は炭素です．ピアノ線には約 0.6 〜 0.95 重量％の炭素が含まれています．炭素原子は鉄の原子と比べて小さいので，鉄の結晶の隙間を素早く動き回ることができ，これが鉄の変態を複雑にしています．これら鉄の同素変態と鉄中の炭素の動きによって，鉄−炭素合金は熱処理を行うことで多彩なミクロ組織を形成します．ミクロ組織とは，顕微鏡などで観察されるたくさんの結晶からなる金属の組織のことで，ミクロ組織の変化と金属の強さや特徴には関連があることが知られています．

■ 焼入れによって何が起こったのか

実験 15 の手順 2 で焼入れの前にピアノ線を十分に加熱しましたが，これは「溶体化処理」に相当します．鉄に炭素が入ると，より低温（800 〜 900℃）でピアノ線は面心立方構造の γ 鉄になり，含まれている炭素は γ 鉄の中に全て溶け込みます．炭素は面心立方構造の γ 鉄中には比較的多く溶解できるのですが（最大 2 重量％），一方，低温で現れる体心立方構造の α 鉄中にはほとんど溶解しません（最大 0.02 重量％なので 100 分の 1 程度です）．したがって，高温側の γ 鉄から低温へ冷却すると，結晶構造が面心立方構造から体心立方構造へ変わるとともに，α 鉄中の過飽和の炭素は α 鉄の結晶から吐き出され，炭化物（炭素と鉄の化合物）が析出します．銅線の場合には，純銅なので同素変態も析出も生じませんでした．ジュラルミンの場合は同素変態はありませんが化合物の析出が生じ，それにより硬化しました．ピアノ線では焼入れ時に同素変態と炭化物の析出の両方が起こっているのが特徴です．

■ 焼入れの素早さがピアノ線の強さを変える

ジュラルミン中の化合物の析出でも説明しましたが，固体中では化合物が析出するにはある程度の時間が必要になります．ゆっくり冷却すれば十分に析出が進むのですが，焼入れのように素早く冷却すると，析出が間に

合わなかった炭素原子がα鉄の結晶中に残留し過飽和固溶体になります．この鉄中の過飽和に含まれている炭素は，鉄原子の中に無理やり押し込められているためその周りでは結晶の形が大きくひずみます．結晶がひずむと転位が動きにくくなるため鉄が強くなります．溶媒結晶（鉄）に固溶している溶質原子（炭素）の影響で強くなるこの現象は，「固溶強化」と呼ばれています．

　炭素原子が過飽和になると，同素変態にも影響を及ぼし，十分に面心立方構造から体心立方構造へと変化しないで，途中の結晶構造が現れます．それは，体心正方構造を持つ鉄と炭素を含む結晶で「マルテンサイト」と呼ばれています．通常のα鉄と区別するためα′マルテンサイトと呼ぶこともあります．あえて違う名前を付けているのは，強さなどの機械的特性が元のα鉄（一般的に軟らかい）とマルテンサイト（ピアノ線の焼入れ実験で得られた高強度）では大きく異なっているからです．後の形状記憶合金の実験でもマルテンサイトが登場しますのでそちらも参考にしてください．

■ 熱処理が鉄の価値を上げている

　熱処理に関する書籍を読むとその内容のほとんどが鋼（鉄合金）の熱処理に割かれていることがわかると思います．その理由は，合金元素として含まれる炭素と鉄の同素変態により，鉄は他の金属よりも熱処理によって広い範囲で強さなどの特性を変え，制御することができるためです．また，炭素量や他の元素の量によっても熱処理による変化が異なってきます．軟らかいものが必要な部分には軟らかい材料を，強いものが必要な部分には強い材料を，と用途に合わせて細かい熱処理工程を経て，必要とされる特性を持つように制御されています．

■ いろいろな熱処理

　ここでは実際の鉄や鋼でできた製品や部品に加えられるいろいろな熱処理について簡単に説明します．熱処理におけるポイントはどのような温度履歴であるかということです．すなわち，その用途に合わせて，加熱の温度，冷却の速さ，冷却する温度が微妙に制御されています．

焼入れ：まず鋼をγ鉄だけになる高い温度（炭素の量にもよりますが，およそ 750 ～ 950℃）で一定の時間加熱保持します．これを溶体化熱処理と呼ぶことはすでに説明しましたが，鉄鋼の場合には特別な名前が付いています．フェライト（低温域で安定な α 鉄）を全てオーステナイト（γ鉄）にする熱処理なので，オーステナイト化処理と呼ばれています．「焼入れ」とは，オーステナイト化処理した後で急冷することで炭素を過飽和に固溶したマルテンサイトを得る熱処理です．残留した炭素がマルテンサイトの結晶をひずませることで強く（硬く）なります．元々の炭素量が少ない（およそ 0.3％以下の）鋼は急冷してもあまり強くなりません（これを「焼きが入らない」ともいいます）．急冷の方法として最も手軽なのは今回のピアノ線の実験で行ったように加熱した材料を水に漬けて冷やす（水焼入れ，水冷）方法ですが，冷却速度が速いため複雑形状の実用材料ではその部位によって冷却速度のばらつきが起こりやすく，冷却速度の速い部分と遅い部分ができてしまうと，材料が曲がったり割れたりすることがあります．そうしたひずみや割れを防ぐために，水ではなく油を用いたり（油焼入れ，油冷），窒素などのガスを吹き付けたり（ガス冷却）して冷却速度を制御することがよく行われます．さらに，実用合金では，含まれる添加元素の種類や量が異なり，それによって焼きの入り方が異なるため，冷却速度を精密に制御する必要があります．そのために冷却剤である水や油などをかき混ぜて温度を均一にするなどの工夫がされています．例えば，冷却に水を使う場合には水の温度が低いほど材料を急冷する能力が高いのですが，油を使う場合には油の粘度が下がりさらさらになる 60 ～ 80℃くらいの温度にすると最も冷却能力が高くなるなどが知られています．

焼戻し：今回の実験で，焼入れの後ピアノ線は硬くなりましたが，一方で曲がることなく折れてしまった（脆くなった）はずです．「焼戻し」とは，焼入れで得られた強いけれども脆い材料をもう一度加熱して強さと脆さのバランスを調節する熱処理です．低い温度（例えば200℃以下）で行う低温焼戻しではあまり強さを下げずに脆さを取り除くことができますし，一方で高い温度（例えば450℃以上）で行う高温焼戻しでは，強さは

低くなりますが，よりねばり強い材料を得ることができます．しかし，実用材料では添加元素の種類や量によって，焼戻し温度によってはかえって脆くなってしまう（焼戻し脆性）場合もあり，温度が精密に制御されています．

焼なまし：「焼なまし」とは鋼などの金属材料を軟らかくする，材料の内部に残っているひずみ（例えば鋼を棒や板の形に変形させた時に加わったひずみ）を取り除く，などの目的で行われる熱処理です．加工硬化の実験を思い出してください．金属は加工を続けると硬くなり，最後には破断してしまいます．大きな加工をする場合には，破断する前に加工によって生じた材料の中のひずみを取り除く必要があります．この熱処理は「焼鈍」とも呼びます．最もよく用いられるのは材料をやわからくするための完全焼なましです．目的に応じて焼なましを行う温度はさまざまですが，完全焼なましの場合も，焼入れの時に行ったオーステナイト化処理をまず行います．その後，炉の中に置いたまま，炉の電源を切るなどしてゆっくりと冷却（徐冷）します．この操作により材料を軟らかくします．

焼ならし：今回の実験では取り上げませんでしたが，鋼の熱処理には焼ならしというものもあります．鉄鋼製品の製造方法には溶けた鉄を製品の形をした型に流し込んでそのまま固める鋳造（第3章で取り上げます）と呼ばれる方法がありますが，鋳造したままの鋳物は，含まれる結晶の大きさや元素の分布にむらがあり，それによって鋳物の部分ごとに強さが異なってしまうことがあります．焼ならしはそれを均一にするために行います．また，加工をした後，加工の影響を取り除き結晶の大きさや形を調整するために行います．例えば圧延（ロールの間を通して板状に引き延ばす）や鍛造（ハンマーで叩くなどして棒状やもっと複雑な形状に形作る）などの加工を行った後の鋼は加工によって結晶粒が変形し，加工した方向に結晶が伸びた形になっています．焼ならしを行うことでこうした不均質な結晶の形が元に戻り，併せて結晶がより細かくなるため，強さやねばり強さなどの特性が改善されます．ここでも，まずオーステナイト化処理を行い，その後，空気中に放置して冷却します（空冷

といいます）．鋼の組織を標準状態にするという意味で「焼準<ruby>準<rt>しょうじゅん</rt></ruby>」とも呼びます．

表面熱処理：これまでは材料全体の組織や特性を変えるための熱処理を紹介してきましたが，実際に使われる部品の中にはその表面だけが強く（硬く）なればいい，というものもあります．例えば自動車などに使われるギヤやシャフトといった部品のように，表面は他の部品とこすれあってもなるべくすり減らないように硬くしたいが，内部は他の部品から衝撃を受けても壊れにくいようにあまり硬くしたくないということもあります．または，日本刀を考えてみてください．全体が硬くなってしまうと，焼入れたピアノ線のように簡単に折れてしまいます．実際の日本刀は，表面は切れ味が良いように硬く，その内部は簡単に折れないように軟らかく作られています．このような用途には表面だけを硬くする熱処理が施され，それらを表面熱処理と呼びます．ここからは，熱処理の実用・応用例として主な表面熱処理の手法について紹介します．

浸炭焼入れ：前に述べたように炭素量がおよそ 0.3 ％以下の鋼は急冷してもあまり硬くなりません．そこで，浸炭といって表面から炭素を浸入させ，表面近くだけ炭素濃度を高くする処理を加えます．これを浸炭処理といいます．周りに炭素がある状態で熱処理を行い，部品の表面から炭素を浸入させてから焼入れを行うことで，表面だけを硬くするのが浸炭焼入れです．現在では炭素を含んだガス中で行うガス浸炭が主流です．熱処理を行う炉の内部にプロパンガスなどのガスを導入して行う通常のガス浸炭の他，いったん炉内を真

図 2.17　液体浸炭の様子．塩浴から部材を取り出したところ．塩浴の温度は 860℃程度（写真提供：パーカ　熱処理工業株式会社）．

空に引いた後に炭化水素ガスを導入して行う真空浸炭や，炭素を含んだガスを炉内に導入した後放電を起こすことで炭素イオンと電子が分離した状態にし（この状態をプラズマといいます），生じる炭素イオンを部品表面から浸入させるプラズマ浸炭などの手法があります．一方，シアン化合物などの炭素を含んだ化合物を例えば $850 \sim 900{}^\circ\mathrm{C}$ くらいの高温に加熱・融解し，その中に部材を浸して行う液体を用いた浸炭法があります．これは部材を速く均一に加熱することができるためひずみが入りにくい，という特徴があります．ここで使われる化合物は，イオン結合した化合物で「塩」と呼ばれ，溶けた塩の入った浴槽を「塩浴」と呼びます．そのためこの浸炭法を，塩浴浸炭とも呼びます．この作業の様子を図 2.17 に示します．

高周波焼入れ：炭素が 0.3 ％以上の鋼の場合は部品の表面だけを加熱・急冷することで表面だけを硬くすることができます．表面だけを加熱するためによく用いられるのが高周波コイルです（キッチンの IH ヒーターと同じ原理です）．コイルの内部に部品を置いてコイルに高周波電流を流すと，部品の表面に誘導電流（渦電流）が流れ，ジュール熱によって部品表面だけが加熱されます．その後，急冷すると表面だけが焼入れされ硬くなります．

この手法の特徴は，用いる周波数によって，加熱する深さを調節することができる点です．ごく表面だけ加熱する場合には高周波を，少し深くまで加熱する場合には，より低い周波数を使います．図 2.18 は実際に高周波によって歯車の加熱を行っている写真です．歯車の周りにあるコイルに電流を流すことで歯車の表面だけが加熱されて光っていることがわかります．図 2.18 (a) は 200 kHz の高周波電流を流した場合で，歯車の歯の先端の部分だけが加熱されています．一方図 2.18 (b) は 200 kHz に加えて周波数の低い 10 kHz の電流を重ね合わせて流した場合で，歯車の輪郭に沿って根元の方まで加熱されて光っています．このように電流の流し方を工夫することで部品の加熱範囲を制御することが可能です．

窒化：浸炭と同じように周りに窒素がある状態で熱処理を行い，部品の表

(a) 200 kHz の高周波電流を流した場合.

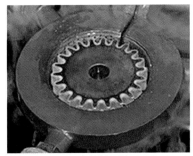

(b) 200 kHz の高周波電流と 10 kHz の
低周波電流を重ね合わせて流した場合.

図 2.18　歯車の高周波加熱の様子（写真提供：高周波熱錬株式会社）.

面から窒素を浸入させる熱処理です．鋼の中にはアルミニウム (Al) や
クロム (Cr)，バナジウム (V) といった窒素と反応して窒化物と呼ばれる
硬い化合物を作る元素が含まれているものがあります．表面付近に窒化
物が析出すると部品の表面が硬くなります．浸炭と同様にアンモニアガ
ス (NH_3) などの窒素を含むガス中で行うガス窒化や，カリウム (K) やナ
トリウム (Na) などの元素と窒素の化合物（塩）を $500 \sim 600℃$ に加熱し
た塩浴中で窒化を行う液体窒化（塩浴窒化）などの方法が用いられます．
また浸炭性ガスにアンモニアガスを加えた雰囲気で熱処理することで浸
炭と窒化を同時に行う浸炭窒化処理もあります．

軟窒化：アンモニアガスに炭酸ガス (CO_2) などの炭素を含むガスを混合し
た雰囲気中で部品を $450 \sim 600℃$ くらいの温度で保持すると，窒素とと
もに少量の炭素も部品表面から浸入します．浸入した窒素や炭素は鉄と
反応して部品表面に $5 \sim 20\ \mu m$ 程度の薄い鉄の窒化物や炭窒化物の層
を作ります．このような表面熱処理を軟窒化と呼びます．窒化物を形成
する元素を含まない鋼に対しても行うことができます．金属材料で部品
を作るには，摩擦による摩耗や疲労破壊をしにくいことが重要です．疲
労破壊とは，部品に 1 回加えただけでは壊れない程度の小さな変形を繰
り返し加えることで部品の内部でき裂（小さな割れ）が徐々に広がって
最終的に部品が壊れる現象のことです．これら摩耗や疲労破壊を起きに
くくする目的で軟窒化処理が行われることもあります．またガスによる

窒化と同じように窒素と炭素を持つシアン酸イオン（CNO⁻）を主成分とする塩浴を用いて行う塩浴軟窒化も行われます.

まとめ

　ここでは，加熱・冷却による金属（特に鋼）の強さの変化について取り上げました．代表的な鋼の熱処理として焼入れ，焼戻し，焼きなましを紹介しましたが，これらの熱処理によってピアノ線の強さが大きく変わることをわかっていただけたのではないでしょうか．ここでは触れませんでしたが，これらに加えて加工をしながら熱処理をする加工熱処理も広く行われています．○○しながら△△するという複合技術には多くの組み合わせがあり，複雑な制御を必要としますがその分より高度な材料特性の制御も可能となります．下記に熱処理に関する書籍を紹介しておきますので，興味のある方らさらに勉強してみてください.

　最後に，本節で紹介した液体浸炭および高周波加熱に関する写真はパーカー熱処理工業㈱渡邊陽一氏，高周波熱錬㈱川嵜一博氏にそれぞれご提供いただいたものです．ここで感謝申し上げます.

参考書籍
・日本熱処理技術協会：入門・金属材料の組織と性質，大河出版，(2004).
・田中和明：図解入門よくわかる最新金属の基本と仕組み，秀和システム，(2006).
・横山明宜：元素からみた鉄鋼材料と切削の基礎知識，日刊工業新聞社，(2012).
・藤木　榮：絵で見てわかる熱処理技術，日刊工業新聞社，(2013).

日本刀の美しさを作るもの

　古くから日本では砂鉄や木炭を原料とするたたら製鉄が行われてきました．また，たたら製鉄で得られる良質の鋼（和鋼）を素材に，日本古来の武器である日本刀の製作も続けられてきました．日本刀の製作技術は刀鍛冶それぞれの勘や経験，代々の継承を基に発展してきたものです．近年では，そうした鍛冶の技法を科学的に解明，検証しようという試みが広く行われ始めています．

　刀剣が好きな方も多いと思いますが，日本刀の美しさ・魅力のひとつは刀の反りでしょう．これが熱処理と関連しているのです．刀鍛冶の鍛錬によって日本刀の形となった鋼は焼入れ工程によって部分的にマルテンサイト変態し刀はより強靭になります．マルテンサイト変態については本文を参照してください．この変態では，焼入れ前のオーステナイトが焼入れ後に体積の大きなマルテンサイトに変態します．この体積変化によって反りが生じるのです．特に薄い刃先部分は優先的にマルテンサイト変態が生じるため大きな反りが生じます．しかし，実際の焼入れ中の反りの挙動は複雑です（二度ほど逆の方向に反ってから最終的に日本刀の反りが得られるなど）．現在では計算機シミュレーションを用いた詳細な解析など，反りを科学的に解明しようとする試みが進められています．

　もう一つの美しさは刀の表面に現れる刃文です．刃文とは日本刀の表面にある波目などの模様のことで，この刃文も焼入れ過程で生じるものです．刀鍛冶は日本刀を焼入れる前に刃身に焼刃土と呼ばれる粘土を主成分とする泥状のものを塗ることで焼入れした時に刀が冷えてゆく速度を微妙に制御しています．例えば硬くなって欲しい刃先部分には冷却速度が速くなるように焼刃土を薄く塗る，刀が折れにくいように棟（刃先の反対側）の部分にはゆっくり冷却されるように焼刃土を厚く塗るなどの工夫がなされています．刃文は冷却速度の速い部分に生じるマルテンサイトによって生み出されます．焼刃土の塗り方と冷却速度，得られる金属組織の関係についても詳細な実験や計算科学による解析がなされており，実際に焼刃土を薄く塗った方が塗らない場合よりも冷却速度が速くなる，といった科学的な解明がなされています．

2.3 低温における金属の粘り強さ

　力をかけた時に，ガラスなどの脆い材料がまったく変形せずに突然壊れるのに対して，金属は壊れる前にまず変形が起こり，破断の危険を知らせてくれます．この壊れるまで持ちこたえる特性を「靱性（じんせい）」と呼んでいます．これに対してガラスのように脆い性質を「脆性（ぜいせい）」と呼びます．

　金属の特長の一つは「延性や展性に富む」ことです．例えば金箔は金の塊を叩いて延ばすことにより，太陽の光が透けるほど薄くしたものです．鉄の板が圧延ロールの間を何度も通り抜けて，薄く伸ばされてゆく様子をみたことがある人もいるかもしれません．金属材料はこのような延性があるために，一般に突然割れたり崩れたりすることはほとんどありません．そのためさまざまな構造材料（自重や外力等に対して形状や構造を保つための強度を担っている材料）に金属が使われています．しかし，「粘り強い」はずの金属も，時には脆くなり，割れやすく壊れやすくなることがあります．過去には，構造材料として使われていた金属が脆くなり，そのことが原因で事故が起こって，多くの命が失われたことがあります．信頼性の高い安全な構造材料を設計するために，どの金属がどれくらい粘り強いのか，どういう時に脆くなるのかを調べることは非常に重要です．ここでは，脆くなった金属を体感する実験を行い，そして金属の粘り強さを調べる方法を紹介します．

実験 16　脆い金属を体感しよう

　金属は良く曲がる延性があるということを説明してきましたが，それでは，そんな金属が本当に脆くなってしまうのでしょうか．脆くなるとすると，どんな時に脆くなってしまうのでしょうか．ここでは，身近にあるスプーンを使います．スプーンは当然簡単に曲げることができるはずです

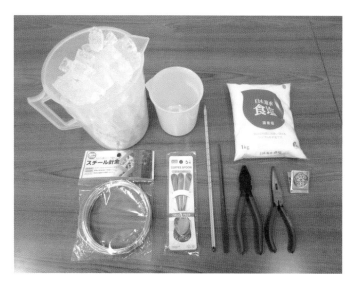
図 2.19 ここで使う道具.

が，脆くなるのでしょうか．それではスプーンを脆くする実験をやってみ
ましょう.

用意するもの

　スプーン（磁石につくもの），水，氷，食塩，温度計，バット，三
角やすり，ペンチ，磁石．ここで使う道具を図 2.19 に示します.

実験方法

手順1　図 2.20 の右上の図のように，あらかじめスプーンの柄の細い部
　　　　分に三角やすりで深さ 0.5 mm 程度の切り込みを入れます.

手順2　まず室温で，切れ込み部分を手で折り曲げてみてください．硬く
　　　　て曲がらない場合は，図 2.20 のようにペンチを使うか，もう少
　　　　し深く切れ込みを入れてみてください．切り込みが入れてあって
　　　　も，1回曲げただけでは，セラミックスやガラスのように折れた
　　　　り割れたりすることはありません．これは金属が優れた延性を
　　　　持っているからです.

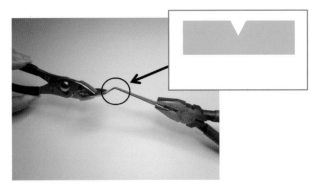

図 2.20　スプーンに切り込みを入れて曲げる.

手順 3　食塩水を準備します. 氷と水と食塩をよく混ぜます. この時に食塩が溶け残るくらいの多くの食塩を入れてください. 氷水だと0℃程度までしか下がりませんが, 氷＋食塩水にすることで（凝固点降下により）, −10℃以下まで水温を下げることができます.

手順 4　氷塩水の中にスプーンを付けて冷やします. スプーンの切り込みを入れた部分を十分に冷却してください. 目安としては 10 分間以上浸しておいてください（図2.21）.

図 2.21　スプーンを十分に冷やす.

手順 5　ここが重要な手順です. スプーンを氷塩水から出したら, 温度が上がってしまう前に, 手順 2 の時のようにできるだけ素早く切り込みがある部分を曲げてください. この時に素手で曲げると, 体温が伝わってスプーンの温度が上がってしまう

図 2.22　冷やしたスプーンを曲げてみる.

ので，ペンチを使ってください．ここで図 2.22 に示したように
ポキッと折れたら成功です．室温では延性があったスプーンも
30℃温度を下げるだけで脆くなりました．

手順6　その他の金属（ピアノ線，銅線，アルミ線，磁石に付かないスプーンなどです）でも同じように試してみてください．

■ 延性と磁性は関係する？

　鉄の針金は−10℃に冷やすと脆くなり折れるものもあれば，延性があり曲がるものもありました．ピアノ線は冷やすとポキッと折れました．電子部品の接合に使うはんだ線は冷やしても延性があり曲がるだけでした．いろいろ試してみると，どうやらすべての金属が冷やすと脆くなるわけではなさそうだということがわかるのではないかと思います．折れたものと折れなかったものの違いを考える時に，磁石を使ってみるというのはどうでしょうか．脆くなったピアノ線は磁石につきますが，折れずに曲がった針金は磁石につかなかったのではないでしょうか．この理由はまた後で取り上げます．

■ 粘り強さを数値にするには

　これまでの実験で，金属には冷やすと脆くなるものと脆くならないものがあることがわかりました．しかし，ペンチで曲げる・折るという方法では，どの金属がどれくらい脆いのか・粘り強いのかを正確に比べるのは困難です．そのため，どれだけ粘り強いのかをもっと定量的に比較・解析するために開発された試験方法の一つが「シャルピー衝撃試験」です．この試験の原理は，一定の高さから振り下ろしたハンマーで金属片を壊し，その金属片の変形・破断に使われたエネルギーを求めるというものです．

　図 2.23 はシャルピー衝撃試験機の外観写真で，ハンマーを持上げた状態になっています．この試験の手順を簡単に説明します．まずハンマーを決められた角度 α まで持上げ，固定します（持上げ角 α は試験機によって異なりますが，写真の試験機の場合は 134°です）．持上げた後，試験片支

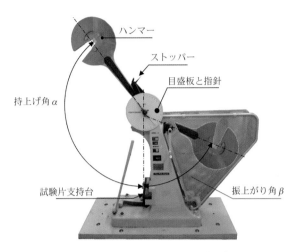

図 2.23 シャルピー衝撃試験機.

持台に金属片を置きます．そして，ストッパーを外すとハンマーが試験片
支持台をめがけて振り下ろされます．試験片を置かずにハンマーが何も
接触せずに振り下ろされた場合には，最初に持上げたハンマーの高さと
同じ高さまでハンマーは振り上がります（この時の振上がり角を β としま
す）．すなわちこの場合には $\alpha = \beta$ になります．厳密にはハンマーの回転
軸の摩擦等により，わずかに β の方が小さくなりますが，ほぼ $\alpha = \beta$ です．
それでは試験片を置いた場合にはどうでしょうか．ハンマーは試験片に当
たり，それが抵抗となってハンマーの振上がり角 β は α よりも小さくな
ります（$\alpha > \beta$）．すなわち，最初にハンマーが持っていた位置エネルギー
が試験片の変形・破断によって使われたことを意味しています．脆い金属
であれば強い力でなくても壊れそうですし，粘り強い金属であれば大きな
力をかけないと壊れないだろうと想像できると思います．すなわち，この
振上がり角を測定して試験片の変形・破断にどれだけのエネルギーが使わ
れたのかを調べれば，金属の粘り強さの定量的な指標になります．この時
のエネルギーを吸収エネルギー（E）と呼び，次の式で求めます．最初と最
後のハンマーの位置エネルギーの差を計算すればよいので，

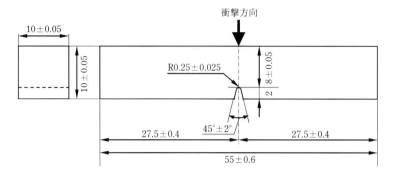

図 2.24　JIS で決められているシャルピー衝撃試験用の試験片形状（単位は mm）.

$$E = mgl\,(\cos\beta\, -\, \cos\alpha) \qquad\qquad (2.1)$$

となります．ここで，m はハンマーの質量 (kg)，g は重力加速度 (m/s^2)，l は回転軸からハンマーの重心までの距離 (m) です．

■ 精密な試験には大きさと形が重要

　この時に重要になるのが，金属試験片の形状と大きさです．現在では，日本産業規格 (JIS：Japanese Industrial Standards) でそれらが厳密に決められています．スプーンの実験であらかじめやすりで切り込みを入れておいたことを思い出してください．この切り込みのことをノッチと呼び，JIS では図 2.24 のようにノッチの大きさや角度，ノッチ先端の曲率などが細かく決められています．試験片支持台では試験片の両端が固定され，ハンマーはこのノッチの反対側（図中の矢印の方向）から当たります．したがって試験片はノッチ溝の底の部分を起点にして破断・変形するので，ノッチの形状は破断・変形に大きな影響を及ぼすために厳密に規定する必要があるのです．

■ NIMS のシャルピー衝撃試験

　シャルピー衝撃試験を行うには専用の試験機が必要なので，これまでの実験と違って簡単にやってみるわけにはいきません．ここでは，過去

衝撃試験

　材料の粘り強さを調べる方法としては，金属材料によく用いられているシャルピー衝撃試験の他に，主にプラスチックや熱可塑性樹脂製品の粘り強さを評価するのに使われているアイゾット衝撃試験があります．一定の高さからハンマーを振り下ろして試験片をたたき，振り上がったハンマーの高さを測定することで，試験片が変形・破断した時に要したエネルギーを求めます．どちらの試験もこの原理で材料が変形・破断した時のエネルギーの評価を行いますが，大きな違いは試験片の配置です．シャルピー衝撃試験では試験片の両端を固定してノッチの逆側からハンマーを当てますが，アイゾット衝撃試験では試験片の片側だけを固定し，ノッチが付いている側にハンマーを当てて破壊します．試験方法の名称は，それぞれの試験方法を発明した技術者，Georges Augustin Albert Charpy（1864 ～ 1945：フランス）と Edwin Gilbert Izod（1876 ～ 1946：イギリス）に由来しています．

　本文でも触れましたが記録によるとタイタニック号は 1912 年 4 月 14 日 23：40 北大西洋海上で氷塊と衝突．位置は北緯 41°46′（日本だと青森くらい），西経 50°14′（大西洋の真ん中ぐらい）です．最後の救命ボートが下ろされたのは日付が変わった 02：05．沈没はその 15 分後の 02：20 とされています．全長 264.7 m の巨大な客船が 3 時間足らずで沈没したということになります．これは低温脆性により船体が大きな損傷を受けてしまったことが一因であると考えられています．そしてその 30 年後，低温脆性による沈没がまた起こります．それは同じ大西洋上で第二次世界大戦中のアメリカからヨーロッパへ向けた輸送船です．この輸送船は鋼板を溶接して作られており溶接部分が低温脆性を起こし，寒冷期の北洋で数百隻の輸送船が沈没しました（氷山に当たらなくても沈没していることに注意してください）．シャルピー衝撃試験は 1901 年にフランスで提案されたとされていますので，このころにはすでに金属の脆性に関心が向いていたはずだと思うのですが，タイタニック号の沈没から 30 年たっても人類は金属の低温脆性を制御できていなかったということになります．もちろん，現在では低温脆性を起こす材料は寒冷地では用いられていませんし，溶接技術の向上や鉄中の不純物などの制御により，低温脆性の改善がなされています．

に NIMS で行っていた高校生の体験学習プログラムで得られた実験結果を使ってシャルピー衝撃試験の結果を説明したいと思います.

この実験で用いた金属は, 表 2.1 に示した 3 種類の試料です. 試料 A と試料 B は同じ化学組成を有する材料ですが, 異なる熱処理を施したことにより結晶粒径が異なっています. まずはこの結晶粒径の違いを観察します. 試料 A と試料 B の表面を鏡面になるまで研磨し, ナイタール液(硝酸とアルコールの混合液)に浸すと, 結晶と結晶の隙間である結晶粒界が腐食されます. それを光学顕微鏡で観察したのが図 2.25 です. ナイタール液で腐食された黒い線が結晶粒界です(この他の黒い領域は炭化物です). これより, 試料 A は結晶粒が試料 B よりも粗いことがわかります. ここで試験するのは, 同じ化学組成で結晶粒径が違う試料 A, B と組成が違う試料 C の 3 種類です. 試験を行う温度は, ①沸騰させた湯(約 100℃), ②

表 2.1　試験を行った 3 種類の金属の特徴.

	試料 A	試料 B	試料 C
材料名称	一般構造用(フェライト)鋼		オーステナイト系ステンレス鋼
材料記号	SS400		SUS316L
用　途	鉄骨, 橋梁, 船体		キッチン, 建物屋根, 生体材料
結晶構造	体心立方構造 (Body-Centered Cubic：BCC)		面心立方構造 (Face-Centered Cubic：FCC)
結晶粒径	50 μm	10 μm	70 μm

(a) 試料 A.

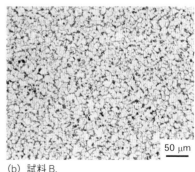

(b) 試料 B.

図 2.25　試料のミクロ組織. 黒い領域は炭化物. 黒い線は結晶粒と粒の境界である結晶粒界. 試料 A よりも試料 B の結晶のほうが細かいことがわかる.

室温（約25℃），③氷水（約0℃），④液体窒素で冷やしたエタノール（約−70 〜 −50℃），⑤液体窒素（約−196℃）の4種類です．図2.26は液体窒素中で試験片を冷却している様子です．試験片をシャルピー試験機に取り付けるための道具（治具といいます）とともに十分冷却します．

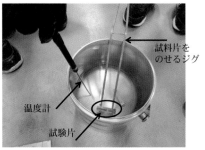

図 2.26　液体窒素の中で試験片を冷却している様子．

試験片の温度は温度計で測定しておきます．

　十分に冷えたら，治具を使って試験片を素早くシャルピー衝撃試験機の試料支持台に乗せ，ストッパーを外してハンマーを振り下ろします．そして目盛り盤（図2.23参照）から振上がり角度βを読み取ります．

■ 0℃付近で急に脆くなる

　ここで測定したβを使って式(2.1)から求められた吸収エネルギーEと温度計で測定した温度Tを図2.27に示します．そして，吸収エネルギーの大きさの変化とともにハンマーが試験片を割る時の音にも変化があります．粘り強い状態では「ゴン」というような低く鈍い音がしますが，脆くなるとガラスのコップが割れるような「カン」と高い音がします．それでは図2.27の実験結果をみてゆきましょう．温度が高い100℃では，どの試料も100 J以上の吸収エネルギーを示しますが，氷点下になると試料Aと試料Bの吸収エネルギーは急激に減少して，ほとんどゼロになります．すなわち，これらの2つの金属は，高温では粘り強いのですが氷点下になると突然脆くなることがわかります．それに対し試料Cは，試験を行った範囲では，どの温度でも大きな吸収エネルギーを示し，粘り強いことを示しています．また，試料Aと試料Bをよく比べてみると，試料Bの方が試料Aよりも少し吸収エネルギーが大きいことがわかります．この差は結晶粒径の違いによるもので，結晶を細かくすることで吸収エネルギーが少し大きくなることが知られています．これは試料が割れる時には主に粒界（図2.25

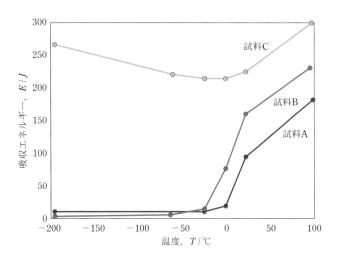

図 2.27　表 2.1 に示した試料 A, B, C のシャルピー衝撃試験結果.

の黒い線の部分）が割れるからで，結晶粒が細かく粒界が入り組んでいる方が割るためにより大きなエネルギーが必要となることによるものです.

　試料 A と試料 B のように金属材料が低温で脆くなる現象を低温脆性といいます. そして，吸収エネルギーが急激に低下する温度を延性−脆性遷移温度（DBTT：Ductile Brittle Transition Temperature）といいます.

■ タイタニック号が氷山に当たった時の音は

　この DBTT は構造材料の用途を決める上で 非常に重要な特性です. その一例はタイタニック号です. 1912 年 4 月に，当時世界最大といわれた豪華客船タイタニック号が，英国・サウスサンプトンから米国・ニューヨークに向かう大西洋上で氷山に接触し沈没しました. この事故の原因の一つに，船体を構成する鋼材の低温脆性が指摘されています. 海底から引き上げられたタイタニック号の船体の一部を調べた結果，吸収エネルギーの温度依存性は試料 A とほぼ同じで，金属の結晶組織も図 2.25 (a) と似ていることが明らかになりました. このことから，0℃前後の冷たい北大西洋の海水で冷やされて脆くなっていた船体に，氷山が接触したため船体が簡単に破壊されたと推測されています. したがって，氷山がタイタニック号に

当たった時には高い音がしたに違いありません.

■ タイタニック号の沈没を防ぐにはどうすればよかったのか

　それでは，タイタニック号の沈没を防ぐにはどうすればよかったでしょうか.それは，図2.27から明らかで，試料Cの金属を使えばよいということになります.試料Cは面心立方構造を有するオーステナイト系ステンレス鋼で，面心立方構造を持つ金属は低温になっても延性的であることがわかっています.一方で，ここで使った試料AとBは体心立方構造を持つフェライト鋼で，一般に延性−脆性遷移挙動を示します.したがってオーステナイト鋼を使ってタイタニック号を作っていればもっと多くの命が助かっていたのかもしれないと思うかもしれません.しかし，試料Cはクロム，ニッケル，モリブデン等の高価な元素が多く含まれており非常に値段が高いため，現在でも特殊な場合を除きオーステナイト鋼が船体に使われることはありません.さらに，通常の船の運航を考えると0℃付近の靱性が向上すればよいので，例えば同じ材質でも，試料Aと試料Bのように結晶粒径を細かくするなどの改良で特性を向上させることができるからです.オーステナイト鋼が必要となる例としては，都市ガスや火力発電の燃料として用いられる天然ガスを輸送・貯蔵する場合です.天然ガスは−160℃以下に冷却し液化して輸送・貯蔵されるため，その容器は極低温でも高い靱性が必要になります.

■ NIMS の最新の研究

　最後にNIMSの最新の研究成果を紹介したいと思います.高価な元素を多く含むオーステナイト鋼に比べて，鉄の含有量が多いフェライト鋼は安価なので，できるだけ広い用途にフェライト鋼が使えれば経済的です.しかし，体心立方構造のフェライト鋼は延性−脆性遷移挙動を示すため，DBTT以下の低温で使うことができません.この問題を改善することに成功した例を紹介します.NIMSでは結晶粒径を圧延により$1 \mu m$以下に微細化し，結晶が並ぶ方向を制御し，この微細な結晶の中にさらに細かい$0.05 \mu m$以下の微細な炭化物を分散析出させたフェライト鋼を開発しまし

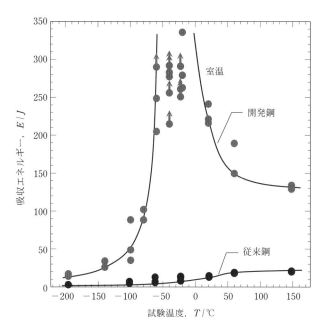

図 2.28　NIMS で開発した合金と従来鋼のシャルピー衝撃試験結果．図中の矢印は試験片が曲がるだけで折れなかったもの．

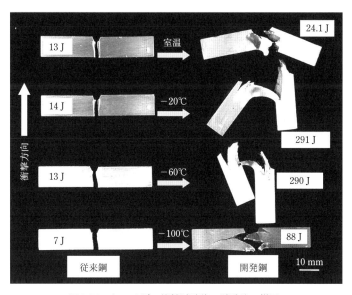

図 2.29　シャルピー衝撃試験後の試験片の様子．

た．その結果，通常のフェライト鋼と異なり，延性-脆性遷移を起こしやすい−60℃から60℃において，吸収エネルギーが著しく向上したのです．開発した鋼の吸収エネルギーの温度依存性を図 2.28 に示します．従来よりも吸収エネルギーがずっと大きくなっていることがわかると思います．この開発鋼は破壊にも特徴があり，試料 A や B が低温で脆性破壊した時は，衝撃方向に割れが伝播して真二つに破断するのに対し，図 2.29 に示すように木材や竹を折った時のような，衝撃方向とは直角に割れが進展する破壊挙動を示します．さらに，この開発鋼は引張強度も非常に高い値を示すことから，高強度と高靱性を兼ね備えた構造用部材として注目され，ボルトやシャフトへの実用化が進められています．

まとめ

　粘り強いと思われた金属でも，種類や条件によっては脆くなることがわかってもらえたのではないかと思います．金属の強さといった時に，それがどのような条件で使われるのかが重要であることを強調しておきたいと思います．低温脆性が知られていなかった時代には，それが原因で事故が起こり多くの人命が奪われましたが，現在では，金属材料の粘り強さを調べるために広くシャルピー衝撃試験が行われています．NIMS ではこの低温脆性に関連する動画を公開しています．ここで紹介した開発鋼の実際のシャルピー衝撃試験の様子もみることができますので興味のある方は下記のウェブサイトでご覧ください．

　最後に図 2.28 と図 2.29 は NIMS 木村勇次博士と井上忠信博士から提供いただいたものです．また，NIMS 菊川悦子氏と小畠仁奈氏には，実験の補助や資料の編集をしていただきました．ここでみなさんに感謝します．

参考ウェブサイト
・NIMS 鮮やか実験映像 8「あの大事件の原因がここに再現」
　https://www.nims.go.jp/publicity/digital/movie/ brittleness.html
・最新研究映像 NIMS の力 20「竹のようにしなやかな鉄！」
　https://www.nims.go.jp/publicity/digital/movie/ mov1605110.html

2.4 高温における金属の強さ

2.3 節では温度を下げて行った時に金属の特性がどう変化するのか実験を行いましたが，それでは逆に温度を上げてゆくとどうなるでしょうか．本節では，温度を上げた時の金属の強さについて実験をしたいと思います．高温における強さが重要になるのはどのような場合でしょうか．例えば火力発電所や原子力発電所を考えてみましょう．これらの発電所では燃料を燃やすなどして発生した熱で高温・高圧の水蒸気を作り，それでタービンを回して発電します．発電の効率・燃費を向上させるために操業時の蒸気の温度・圧力は年々上昇しており，現在では，発電設備によっても異なりますが蒸気温度は 600℃，蒸気圧力は 25 MPa 程度で調理用の圧力鍋の 120 倍の圧力になります．ボイラーや蒸気管などの発電所のプラントに使われる材料には，この高温で大きな力がかかる条件の下で，長期間安全に使うことができる金属が必要なのです．その他の高温で大きな力が加わる用途としてはジェットエンジンやガスタービンの燃焼器などがありますが，これらは最後に少し触れることにします．

実験 17　高温での金属の強さを調べよう

2.1 節の実験では，金属を室温で変形させましたが，温度を上げると金属の変形はどうなるでしょうか．簡単な実験で確かめてみましょう．加熱にはキャンプ用のガスコンロを用います．この時の炎の温度は約 800℃くらいになります．

用意するもの

キャンプ用のガスコンロ，ラジオペンチ 2 本，バット，アルミホイル，アルミ線，黄銅（真ちゅう）線，18-8 ステンレス線（線径は 1 mm くらいのもの）．ここで使うものを図 2.30 に示します．

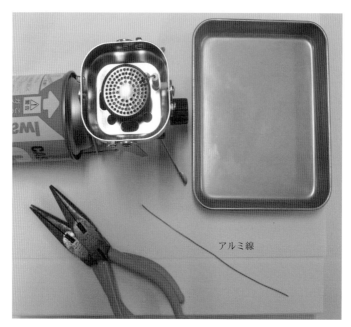

図 2.30　ここで使う実験道具.

実験方法

手順1　図 2.31 (a) のように途中で外れないようラジオペンチにしっかり
アルミ線を巻きつけます. 巻き付けたら, 線にマジックで 2 カ所
に印を付けて, 印の間の長さを測っておきます.

手順2　まずは加熱せずに金属線を引っ張って, 加熱前の強さを記憶して
ください. 引っ張る時には, 図 2.31 (b) のように両手首を付けた
状態で, そこを支点として金属線に力を加えてください.

手順3　机が焦げないように, アルミホイルを敷いた上にガスコンロを
セットします. 脇には水を入れたバットを用意します.

手順4　ガスコンロの火を付けて, 火力を調節します. やけどを避けるた
めにもあまり強くしすぎないようにしてください.

手順5　手順 2 のように手首を支点にして金属線を軽く引張りながら, 中
央部を火の中に入れて加熱します (図 2.31 (c)).

手順6　アルミ線が破断するまで引っ張り続けてください.

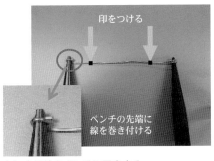

(a) 金属線をペンチに固定する.

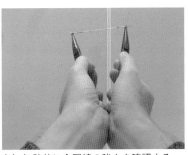

(b) 加熱前に金属線の強さを確認する.

(c) 加熱しながら引っ張る.

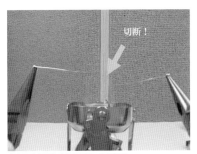

(d) 金属線が破断した様子.

図 2.31　実験の手順．引っ張るときには (b) のように必ず手首を付けておくこと.

手順 7　図 2.31 (d) のように破断したら，水の中に入れて冷却してください．

手順 8　冷却したら，どれくらいアルミ線が伸びたか調べてください．切断箇所が接するように線を並べ，あらかじめ付けた印の間隔を測って破断前の長さと比べてください．また，破断した部分の形状もよく観察してみてください．

手順 9　黄銅線，ステンレス線でも同じように試してみてください．図 2.32 は黄銅線の破断後の写真です．加熱温度は，火力の調整と線材を

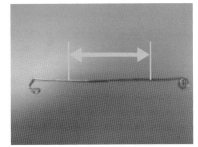

図 2.32　破断後の線の長さを測定する．破断部分の形状もよく観察すること．写真は黄銅線の例.

火の中に入れる深さによって変わります．異なる線材の比較をする場合には，これらを合わせるように気を付けてください．

> **注意事項**
>
> 　線材を引っ張る時には必ず手首を付けた状態で引っ張ってください．手首を付けない方がより強い力を加えることができるのですが，線材が破断した時に，両手が大きく開いてしまいます．その時に周りのものにぶつかると，事故につながることがあります．太い線材を使う場合には破断にはより大きな力が必要になります．まずは線径 1 mm くらいから試してください．また，火を使うのでやけどに注意してください．加熱後の金属は色が変わっていなくてもまだ温度が高いことがあります．試験後には必ず水で冷却してください．

■ 高温で使える金属を選ぶ

　簡単に曲げられる軟らかいアルミニウム線でも室温で引っ張った時にはなかなか切れなかったと思います．一方で，温度を上げると小さい力で簡単に切れてしまいました．黄銅線はアルミニウム線よりもやや強いですが，やはり高温で引っ張ると簡単に破断します．アルミニウム線と黄銅線の破断面を観察すると，細くなった先がちぎれたような形状をしています（図 2.33 (a), (b)）．アルミニウムの場合，高温で溶けて切れたのであれば破断部周辺が表面張力のために丸くなり先端は鋭く尖っています（図 2.33 (c)）．これはアルミニウム線は高温で融解して切れたのではなく，引っ張った力で切れたのだとわかります．一方で，ステンレス線は加熱しても切れなかったのではないでしょうか．このステンレス線はオーステナイト系耐熱鋼と呼ばれ，高温用の構造材料として広く使われています．

　金属の強さは，種類によって大きく異なり，一般に温度が高くなると低下します．そのため，高温での金属の強さを定量的に測定する手法が重要になります．この実験では，加熱した線を切ろうとして大きな力をかけました．これは高温引張試験と呼ばれており，高温での金属の強さを調べる

（a）破断後のアルミ線の先端.

（b）破断後の黄銅線の先端.

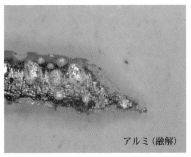

（c）アルミ線が融解して破断した時の破断部の様子.

図 2.33　破断後の線の破断部分の様子.

ための有効な方法です.

■ クリープ現象はゆっくり進む

　高温での金属の強さが重要になるのは，発電所のボイラーなど高温で力がかかる環境で使われる材料に対してです．高温で材料に強い力がかかると最初の実験のように一気に変形して切れてしまうので，実際の発電所では，ボイラーが壊れないような安全な条件，すなわち稼働温度においてその金属材料が十分に耐えられる条件で使用しています．しかし，これだけでは十分に安全とは言えないのです．では高温にすると他にどんな問題が起こるのでしょうか？

　実は，弱い力しかかかっていなくても，高温では徐々に変形が進むことがあります．これを「クリープ現象」と呼んでいます．この時の変形を「クリープ変形」，クリープ変形する速度が遅い材料を「クリープ強度が高い」

といいます．クリープとは，英語で「這う」とか「ゆっくり進む」などの意味です．ボイラーに使われている材料は，数週間〜数十年という長い期間使われるため，その間に弱い力でもゆっくり変形が進み，最後には破断してしまうことが知られています．金属を高温・高圧下で長時間用いるには，このクリープ特性が重要で，それを調べるのがクリープ試験機です．実際の試験では何十年もかけて材料がどのように伸びてゆくのかを測定しますが，ここでは，簡単なクリープ試験装置を自作して金属がゆっくり伸びるクリープ現象について実験をしてみましょう．

実験 18 クリープ現象を確かめる

　クリープ現象は，長時間かけてゆっくり変形が進みます．その間，先の実験のように手で引っ張り続けることはできませんので，図 2.34 のような装置を考えてみました．クリープ装置を作る時に必要なことは，試験中の温度と応力（試験片にかける力）を一定に保てる機構です．この実験装置では保温にお湯を使っていますので，その温度で変形が進む金属しか試験できませんが，加熱方法を工夫すれば，より実際に使われている条件に近い高温の試験ができると思います（各自で工夫してみてください）．ここでは，お湯と融点の低いはんだ線を使って高温でゆっくり金属が伸びてゆく様子を実験します．

用意するもの

　はんだ線（1.2 mm くらいの太さ，フラックスを含まないもの），真ちゅうパイプ（はんだ線が入る内径のもの），真ちゅうパイプが入る径の圧着端子，金属用瞬間接着剤，細いワイヤー，重り（3 ～ 400 g くらいの釣り用の重りなど），装置の構造用の材料（厚めの鉄チャンネ

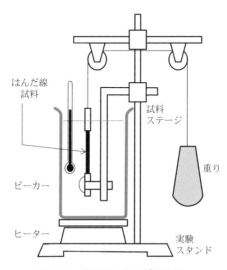

はんだ線
試料

試料
ステージ

重り

ビーカー

ヒーター

実験
スタンド

図 2.34　簡易型クリープ試験器．

ル材など変形しにくい丈夫なもの），滑車，大きめのビーカーやバケ
ツなど，ヒーター，温度計．図 2.34 にこれから作るクリープ試験機
の模式図を示します．

実験方法

手順 1 図 2.35 のように試料を準備します．はんだ線を 5 cm ほどに切り，
両端 1 cm を真ちゅうパイプ内に入れ，金属用瞬間接着剤で止め
ます．真ちゅうパイプには圧着端子を取り付けます．

手順 2 試料の片側を実験装置の試料ステージに固定し，反対側にワイ
ヤーをかけ，滑車を通して重りをつり下げます．重りによって，
試料を引っ張ります（図 2.36 (a)）．

手順 3 この段階で試料が伸びてしまわないか，このまましばらく観察し
てください．数時間で試料の伸びがわかるようであれば，重りを
軽くしてください．

手順 4 ビーカーにお湯を入れ，温度を 80 ～ 90℃くらいに保ちます．

手順 5 はんだ部分全体をビーカーに入れ（図 2.36 (b)），時間の計測を始
めます．

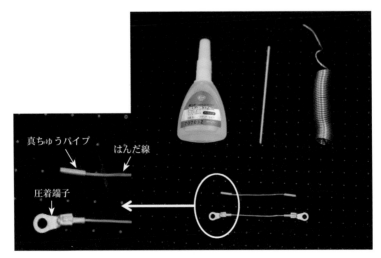

図 2.35　はんだ線の準備．はんだ線を傷つけないように加工するのがポイント．

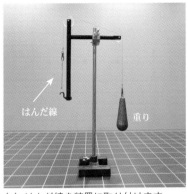

(a) はんだ線を装置に取り付けます.

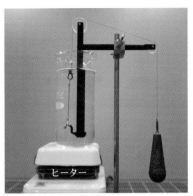

(b) 伸びないことを確認したら全体をお湯につけ時間の計測を始めます.

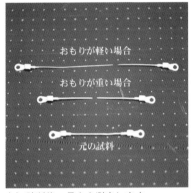

(c) 破断後, 長さを測定します.

図 2.36　実験の手順.

手順6　試料が破断した時間を記録します.

手順7　重りの重さを変えて同様に試験してください.

手順8　試験が終わったら, 試料の長さを測ります (図 2.36 (c)).

注意事項

　お湯を使うのでやけどに注意してください. また試料が切れた瞬間, 熱湯がはねることがあるので注意してください.

うまく実験するには

はんだ線は軟らかいので, 装置に取り付ける時にねじったり傷が付いた

り，はんだ線に直接ねじ止めをしてしまうと，そうやって弱くなってしまったところを起点に破断してしまいます．はんだ線に真ちゅうパイプを接着するのははんだ線に余計な変形がかからないようにするためです．

クリープ現象は，材料の種類，温度，応力に依存します．融点の違ういろいろな種類のはんだ線が市販されていますので試してみてください．重りの重さを倍（または半分）にしたらどうでしょうか？ 温度を上げたら？ ここでは破断までの時間と破断した時の伸びを測定しましたが，より精密な解析には途中の変形の速さを比べる必要があります．一定時間おきに試料の長さを測定し時間と伸びの関係をグラフにすることで，試料の変形する速度を求めることができます．一般に変形の速度は，時間とともに変化し，実験開始直後と破断間近は変形速度が速く，その間の期間は変形速度が遅くなることがわかります．

他にも鉄線，黄銅線，アルミ線，鉛線，ステンレス線などがあります．これらについてもはんだ線と同じように実験をしてみてください．金属の種類によってクリープ変形は異なるでしょうか．この装置では，試料の加熱にお湯を使うので実験できる温度範囲が限られてしまいます．他の金属を試す時には加熱方法などを工夫してみてください．

■ 実際の温度と圧力はもっと高い

前節では，発電所で使われるボイラー用材料を考えながら，はんだとお湯でクリープの実験をしてきました．しかし，実際の火力発電所では稼働温度は 600℃くらい，水蒸気の圧力は 25 MPa に及びます．1 気圧は 0.1 MPa なので，250 倍の力がかかっていることになります．このボイラーの材料は，ステンレス鋼やフェライト鋼などの鉄を主成分とする合金が主に使われています．このような高い温度と圧力で運転を行う目的は何でしょうか．それは，燃料効率の向上と二酸化炭素，硫黄酸化物や窒素酸化物などの排出量削減です．水は，臨界点「373.95℃，22.064 MPa」よりも温度と圧力が高い状態になると，超臨界流体と呼ばれる液体と気体の区別ができない状態になります．火力発電所ではこの超臨界水を用いているため，

実際のクリープ試験はとっても長い

　クリープ現象による材料の破壊は，大きな力がかかって一気に壊れる場合と異なり，長い時間をかけてゆっくりと変形・破壊が進みます．典型的なクリープ変形は，荷重を掛け始めた変形の初期（遷移クリープ領域）は変形速度が大きく，時間が経つにつれて変形速度が小さくなり一定の速度に達した（定常クリープ領域）あと，ある時点から急に変形の進行が速くなり（加速クリープ領域）破断に至ります．その変形過程は，何年，何十年にもわたり，特に定常クリープ領域での材料の変形は変形速度が小さいので目視で確認するのは困難です．しかし破壊の動向を正しく理解できていなければ，稼働して十数年間何もおきていないように見えた構造物が，その後に急激に破壊に至ることもあるのです．そこで，実用材料を様々な温度に加熱し負荷をかけて試験する，クリープ試験が重要になります．試験中は試料の長さを精密に測定し，時間とともにゆっくり進むクリープ変形を詳細に測定・記録します．

　実際の使用環境に近い条件を含む，広い条件で材料の耐久性を調べるのですから，クリープ試験は非常に長い時間がかかります．ギネス記録である世界で一番長いクリープ試験記録は，NIMS が持っています．それは，試験期間が 35 万 7 千時間，40 年以上にも及びました．この 40 年間で試料は約 5% 伸びました．1 m の棒なら 5 cm ほど伸びたことになります（試験中に試料の変形速度はわずか 1 時間当たり 100 万分の 3% ほどです（荷重をかけた時の瞬間の変形分を除いています）．一方で，金属は熱膨張をするため，温度が変化すると長さが変化します．鉄の場合には 1℃ あたり 1 万分の 12% くらいになるので，クリープ試験中の変形を精密に測定するには，温度の管理を厳密にする必要があります．NIMS のクリープ試験では，時間ごとの変形を正確に測定できるように，試料の温度をきちんと保っているのはもちろん，窓からの太陽光を遮るなど試験室の中の温度が厳密に制御されています．さらに，これだけ長時間の試験となると，いろいろな問題が生じます．夏になると落雷による停電が生じますし，これまでに多くの地震も起こりました．さらに，研究所の引っ越し（中目黒からつくばへ）のため，試験装置の移設もありました．そして，40 年間でクリープ試験装置自体も劣化するので測定条件の制御・装置のメンテナンスがとても重要になります．このメンテナンスをする職員は，40 年の試験中に定年を迎えてゆきます．そうです，この間の測定技術の継承と人材の育成が，長期間のクリープ試験にとって最後の大きな困難なのです．これらのたくさんの困難を乗り越え，NIMS では今もクリープ試験が続けられています．

材料は水の臨界点以上の温度と圧力に耐える必要があります．そして，さらに効率を向上させるためにボイラーの運転温度をもっと高くする計画がされています．超々臨界圧火力発電（USC：Ultra Super Critical）と呼ばれる稼働中のプラントで600℃・25 MPa，先進超々臨界圧火力発電（A-USC：Advanced-Ultra Super Critical）と呼ばれる次世代発電システムで計画されているものでは700℃くらいの稼働環境を目指しています．

■ 超合金とは超耐熱合金のこと

　前節では，発電所で使われるボイラー用材料について取り上げましたが，600 ～ 700℃よりもさらに使用温度が高くなったらどうなるでしょうか．ここでは，ボイラーよりも高温で使われる合金であるタービンブレード用の材料を考えたいと思います．圧縮した空気に気化した燃料を混合して燃焼させ，羽根車の付いたタービンを回転させる，ガスタービンと呼ばれる発電機や航空機のジェットエンジンの内部は火力発電所のボイラーよりも高い温度で稼働されています．例えばジェットエンジンで最も過酷な環境となる燃焼部の温度は1500℃以上にも達する上に，タービンブレードには回転の遠心力による10数トン以上もの大きな力がかかります．ここまで高い温度になると，先の実験で使った鉄を主成分とする合金では強度を保つことができなくなり使うことができないため，高温でクリープ変形をしないより強い合金が用いられます．それはニッケルやコバルトを主成分とした「超合金」と呼ばれる材料です．「超合金」とは「超耐熱合金」の略で，普通の金属材料では耐えられないような高温で使うことができるという意味です．

■ 超合金の強さの秘密

　超合金は高温強度を向上させるために，2.1節で取り上げた固溶強化やニッケルとアルミニウムの化合物（γ'-Ni$_3$Al）による析出強化が用いられています．さらに，高温でのクリープが進む因子となる結晶粒界をなくして全体を一つの大きな結晶（単結晶といいます）にすることで，クリープ変形を抑える技術が用いられます．これらの工夫により，超合金の耐熱温度

は1100℃にもなります．さらに，実際の使用においては，タービンブレード表面に耐熱セラミックスによるコーティングを施し，燃焼室に送り込む空気を使ってブレードを空冷する技術などを用いて，タービンブレード本体の温度が耐熱温度以下になるよう制御されています．このようにして1500℃を超える温度で稼働できるようにジェットエンジンが設計されているのです．

■ もっと耐熱温度を上げたい

熱機関は動作温度を上げるほどエネルギー効率が良くなり，燃費が向上します．最新型のジェットエンジンではタービンブレードの耐熱温度が40℃上がると，燃費が1％削減でき，これは飛行機1機あたりの燃料代にすると年間で1億円くらいの燃料費削減を達成できることになります．したがって，航空機メーカーにとって耐熱温度を10℃，20℃と引き上げる超合金は，トップシークレットの材料です．実は，このような激しい競争の中で，NIMS開発の超合金は海外で開発された超合金に比べて，耐熱温度で約60℃もリードしています．

ジェットエンジンに使われている超合金は一般ではなかなか手に入れることができません（航空会社のイベントなどで，使用済になったジェットエンジン用の超合金の部品が配布されることがありますが，一般的ではありません）．しかし，ジェットエンジン用の超合金ほどの耐熱性はありませんが，現在入手可能な超合金としては「インコネル」があります．この合金は金属素材を扱うメーカーから購入が可能なので，ステンレス線よりも高温で強い材料に挑戦したい方は試してみてください．

まとめ

ここでは材料の高温での強さについて取り上げました．そして，発電所やジェットエンジンに使われる材料の特性として，クリープ現象は重要であることを説明しました．これら高温で使われる合金を耐熱合金と呼んでいます．もっと勉強したい方は，いくつか書籍などを挙げておきますので

参考にしてください．また，NIMS では耐熱合金やクリープ試験に関する
ビデオを公開しています．こちらも併せて参考にしてください．

参考書籍，ウェブサイト

・戸田佳明，澤田浩太：先進高効率発電を可能にする新しい耐熱鋼技術，金属，**81**（2011），
　666-672.
・太田定雄：フェライト系耐熱鋼　世界一へのたゆまざる研究と開発，地人書館，（1998）．
・田中良平：耐熱合金のおはなし，日本規格協会，（1991）．
・材料のチカラ，コラム・クリープ試験
　https://www.nims.go.jp/chikara/column/creep.html
・材料の力，コラム・超合金
　https://www.nims.go.jp/chikara/column/superalloy.html
・数十年　じーっと待つ研究
　https://www.youtube.com/watch?v=ei_WB7ijj4E
　金属は這うように延びる！
　https://www.youtube.com/watch?v=3QQnzKNQIJw

Column

ようやく空を飛んだ日本発"超合金"

　　航空機のための超合金研究が始まったのは 1940 年頃です．第二次世界
大戦ではジェット戦闘機が実用化されています．敗戦によって日本では
ジェットエンジンを含む航空機技術の研究が禁止され，それ以来，航空
機用ジェットエンジンは海外メーカーによって独占的に供給されてきま
した．NIMS の前身である金属材料技術研究所は 1956 年の創立時から，
航空機関連の構造材料の研究が行われてきました．ニッケル基超合金の
研究が始まったのは 1975 年でそれから 30 余年の年月を経て，2011 年に
就航したボーイング 787 の Trent1000 エンジンに NIMS で開発された超
合金が採用され，現在，日本発の超合金が空を飛んでいます．

　　乗客を運ぶ航空機の部品には，性能とともに非常に高い信頼性が求め

られます．海外メーカーは，日本のメーカーが航空機を製造できない期間にデータを蓄積し，部材の信頼性の向上に努めてきました．その先行の影響は現在もなお残っており，航空会社は整備実績のある使い馴れたエンジンシステムを，エンジンサプライヤーはデータの蓄積がある自社部品を選ぶ傾向があります．特に中高圧タービンという基幹部分には，自社製の素材以外が用いられることはありませんでした．ここに切り込んだのが，NIMS が 2003 年に発表した，当時世界最高の耐熱温度 1120℃のニッケル基超合金でした．この成果は海外メーカーから注目を浴び，NIMS と英ロールス・ロイス社の共同研究へとつながりました．

　ジェットエンジンにとって信頼性は何よりも重要ですが，一方で燃費効率の良いエンジンも必要です．研究段階にあるさらに高温の 1150℃の耐熱性を持つ新ニッケル基超合金がタービンブレードに採用になれば，ジェット機の燃費は 20％も向上すると予想されています．金属材料技術研究所が超合金の研究を始めたころは 1000℃に満たない耐熱温度でしたが，40 年の研究を経て 1120℃に到達しました．これはエンジン設計の視点から見れば非常に大きな耐用温度の向上です．この数値を達成できた秘密は，独自の合金設計プログラムにあります．現在，世界中で情報技術を活用した材料開発が強く進められていますが，NIMS の超合金開発はそれに先駆け，外国メーカーが実験を基に超合金開発を行っていた時代から，合金設計プログラムの開発を進めてきました．これがあってこそ世界最高の耐熱合金を作り出すことができた，と開発責任者の原田広史博士は話しています．

　もちろん，材料の信頼性についても多くのクリープ試験や熱サイクル疲労，高温腐食といった材料試験を通して，膨大なデータが蓄積されています．NIMS ではタービンブレード本体，遮熱コーティングに加えてブレードを搭載するタービンディスクについても独自技術の開発を進めており，オール国産部品によるジェットエンジン開発への期待が広がっています．

2.5　形状記憶合金

　これまでに金属の強さ，脆さ，熱処理における相変態（結晶の変化）などを実験してきました．これで金属の性質が少しずつイメージできるようになったのではないかと思います．ここでは，それらが複合して現れる特性を取り上げます．それは形状記憶特性と呼ばれているもので，形状を記憶するメカニズムには金属の変形と相変態（結晶の変化）が密接に関連しているのです．早速実験を始めましょう．

実験 19　形状記憶特性を調べよう

　通常の形状記憶合金の実験キットでは，すでに形状を記憶している線を変形させて，お湯に入れて戻すというものが多いと思います．ここでは，形状記憶合金が，形状を記憶していることを確かめた後で，新たな別の形を記憶させる実験をしてみましょう．

用意するもの

　形状記憶合金線（ここではばねと線を使っています），軍手，お湯，ライター，バット，ペンチ，ラジオペンチ，ピンセット．ここで使う道具を図 2.37 に示します．

実験方法

手順 1　まず，形状記憶合金線が形状を記憶しているかどうか確認します．図 2.38 (a) のように形状記憶合金のばねを伸ばします（線を使っている場合には曲げてください）．

手順 2　伸ばしたばねをお湯に浸けます（図 2.38 (b)）．

手順 3　形状が元に戻ることを確認します（図 2.38 (c)）．

手順 4　次に，別の形状を記憶させてみましょう．ここでは線を使います．形状記憶合金を図 2.39 (a) のように結びます．

図 2.37 ここで使う道具.

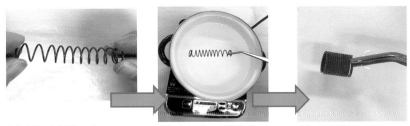

(a) ばねを伸ばして.　　　　(b) お湯の中に入れると.　　　(c) 元の形に戻る.

図 2.38 形状記憶効果の確認.

手順5　　線の両端をペンチでしっかりつかんで，結び目とその周辺部を赤
　　　　　　くなるまで加熱します（図 2.39 (b)）.

手順6　　加熱したら水に入れて冷却します.

手順7　　結び目をほどいて直線にして，お湯に入れます（図 2.39 (c)）.

手順8　　元の形に戻れば成功です（図 2.39 (d)）.

注意事項
　　火を使うのでやけどには注意してください. 金属線は色が変わっ
ていなくてもまだ温度が高いことがあります. 加熱した後は必ず一
度水に浸けてから触ってください.

(a) ばねを結び.

(b) ペンチで固定して加熱し，水に入れて冷却したら真っすぐに戻して.

(c) お湯の中に入れると.

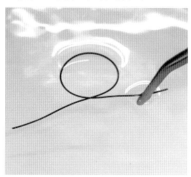

(d) 元の形に戻る.

図 2.39　形状を記憶させる.

　比較的細い形状記憶線（0.6 mm くらい）の方が変形させやすいと思います．形状記憶合金線が新たに形状を記憶するタイミングは，手順 5 の加熱です．この時に線がどのように熱に対して反応するのか，形状記憶合金の挙動をよく観察してください．加熱初期は戻ろうとする力が強く働きますので，ペンチでしっかりつかんでおいてください．線がある温度よりも高くなると急に力がかからなくなります．その温度と形状記憶特性には密接な関係があります．

実験 20　より複雑な形状を記憶させてみよう

　前節では簡単な形状を記憶させましたが，ここではもっと複雑な三つ葉のクローバーの形状を記憶させる実験を行います．

用意するもの

　形状記憶合金線の成型には，銅のパイプを使います．形状記憶合金線の線径を 0.6 mm とすると，内径は線径よりも 0.2 ～ 0.4 mm くらい大きい 0.8 ～ 1.0 mm，外径は内系よりも 0.4 mm くらい大きい 1.2 ～ 1.4 mm の銅パイプを用意してください．銅パイプについては金属部材を製造・販売している会社に相談してください（ウェブ検索をしてみてください）．電気炉またはバーナー，ラジオペンチ，冷却用のバット，成型用の丸棒．図 2.40 にここで使うものを示します．

図 2.40　ここで使う道具.

手順1 形状記憶合金線を銅パイプの中に入れます（図 2.41 (a)）．熱処理

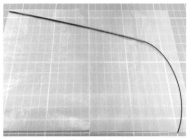

（a）銅のパイプの中に線を入れる．

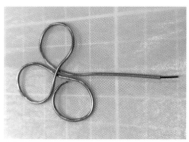

（b）覚えさせたい形状にする．

（c）炉の中で加熱する．

（d）水中に焼入れ．

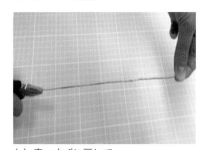

（e）真っすぐに戻して．

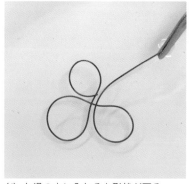

（f）お湯の中に入れると形状が戻る．

図 2.41 新しい形を覚えさせる実験の手順．

後に線を引き抜きやすいように，線の先端を 5 mm 程度銅パイプの外に出しておきます．

手順 2　銅パイプを記憶させたい形に変形します（図 2.41 (b)）．この時に丸棒などを使って角ができないようにうまく曲げてください．ここでは三つ葉のクローバーにしました．四つ葉にする時には，形状記憶合金線を長めに用意してください．

手順 3　475℃の電気炉の中で 30 分加熱してください（図 2.41 (c)）．電気炉がない場合には，銅パイプの端からバーナーで全体が赤くなるまで加熱してください．このように電気炉またはバーナーで加熱した後，水の中に入れて冷やします（図 2.41 (d)）．

手順 4　形状記憶合金線を引き抜きます．このとき，銅パイプをなるべく真っすぐに伸ばしてください．そうすると引き抜きやすくなります（図 2.41 (e)）．

手順 5　形状記憶合金線を 100℃のお湯に入れると記憶させた形に戻ります（図 2.41 (f)）．

注意事項

　火を使うのでやけどには注意してください．金属線は色が変わっていなくてもまだ温度が高いことがあります．加熱した後は必ず一度水に浸けてから触ってください．500℃程度に加熱しますので，その温度に耐える銅のパイプを使っています．融点が低いのでアルミや樹脂製のパイプは使わないでください．

　複雑形状ができるといっても，直角や鋭角に曲げるなど大きな変形を加えると線や銅パイプが折れてしまうため，角を作らないようにしてください．

■ 形状記憶合金とは

　形状記憶合金とは，その名の通り形を記憶する合金です．文献によると1950年ごろに発見されたようですが，今では科学おもちゃとしていろいろな種類が市販されているので，すでに形状記憶合金を知っているという人も多いかもしれません．しかし1950年当時，曲げた金属の線が，加熱によってピュッと元の形に戻るのをみて最初に発見した研究者はびっくりしたことでしょう．この形状記憶効果は，いろいろな合金で発見されていますが，なかでも最も有名なのはニッケル（Ni）とチタン（Ti）を原子比でほぼ1:1で混ぜた合金で，ニチノールという商品名で販売されています．

■ 形状記憶合金は何に使われている？

　形状記憶合金はどこに使われているでしょうか？　もしかすると小惑星探査機「はやぶさ」を思い出した人もいるかもしれません．はやぶさでは試料採取容器を地球帰還カプセルに収納するのですが，カプセルの外フタを閉める機構などに形状記憶合金が用いられていました（形状記憶合金を加熱すると元の形に戻ろうとする力を利用しています）．電力がなかったはやぶさは，1カ月かけてバッテリーを充電し，ヒーターを加熱して形状記憶合金を動作させたというエピソードが知られています．このように電気や熱エネルギーを運動エネルギーに変換するものをアクチュエーターと呼びます．形状記憶合金は熱によって単純動作する装置として，小型化，軽量化が可能なため航空・宇宙用アクチュエーターの一つとして利用されています．特に形状記憶合金によるアクチュエーターは超小型化が可能なため，例えば内視鏡の先端の駆動部などモーターや油圧機器が使えないような用途に利用されています．その他にはメガネのフレームや歯の矯正用ワイヤーなどが挙げられますが，この場合，形状記憶合金のもう一つの特性である超弾性という性質を利用しています．

■ マルテンサイト変態と形状記憶合金

　始めに形状記憶合金では変形と相変態が関連していると書きました．2.1節で金属の変形には弾性変形と塑性変形の2種類あること，塑性変形は転

位によるものだと説明しました．しかし，この形状記憶合金線の変形では転位はほとんど動きません．言い換えると転位を動かすのに必要な力よりも弱い力で変形させた時にだけ形状を回復する効果が現れるのです．最初の実験で元の形に戻らなかったことはありませんか？これは変形の時の力がかかりすぎて転位が動いてしまったからです．それでは，転位が動かない変形をしているということは，弾性変形をしているのでしょうか？もし弾性変形であれば，力を取り除けばばねのように元の形状に戻るはずですが，形状記憶合金は変形したままです．しがたって弾性変形ではありません．そこで，形状記憶合金の中ではこれらとは別の「何か」によって変形が起こっているはず，ということになります．変形した形状記憶合金をお湯に入れて温度を上げると元の形に戻ることから，温度の上げ下げによって形状記憶合金の内部で「何か」が変化していることが想像できます．冷却中に起こる「何か」がマルテンサイト変態と呼ばれる結晶構造の変化です．

■ もう一つの変形「双晶変形」とマルテンサイト

　このマルテンサイト変態に関しては2.2節「焼入れの素早さがピアノ線の強さを変える」の項でも説明していますので，そちらも参考にしてください．この形状記憶合金には鉄は含まれていませんが，鉄の合金と同じように，高温側で現れる結晶をオーステナイトと呼びます．形状記憶合金はお湯（100℃）ではオーステナイト構造と呼ばれる結晶構造を持っていますが，室温（25℃程度）に冷やすと「マルテンサイト」と呼ばれる結晶構造が違う状態に変化します．このマルテンサイトの原子の並びは図 2.42 (a) のようにひし形の配置になっています．この結晶に力をかけると図 2.42 (b) のように原子が移動し，全体が変形します．これを「双晶変形」と呼んでいます．この双晶変形で重要なことは，全体の形は大きく変わるのですが，転位が運動した時とは異なって，変形の前と後でひし形の形状が保たれ原子と原子の結合の手が切れていないことです．ひし形の結晶が変形してもひし形のままなのです．このことにより弾性変形のように元の形に戻るという現象が可能になるのです．

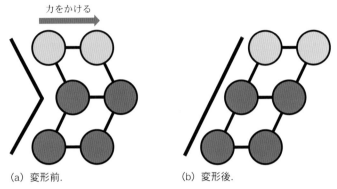

力をかける

(a) 変形前.　　　　　　　(b) 変形後.

図 2.42　マルテンサイトが変形する原子の動き. 形は大きく変わっているがひし形形状（隣の原子との結びつき）は変わらない.

■ 加熱すると形が元に戻る理由

図 2.43 を使って形状が元に戻る理由をもう少し説明します. 図中のひし形がマルテンサイト (M) の結晶構造で正方形がオーステナイト (A) の結晶構造です.

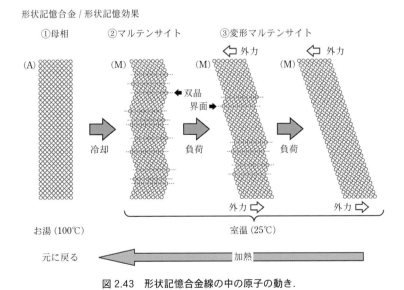

形状記憶合金 / 形状記憶効果

①母相　　②マルテンサイト　　③変形マルテンサイト

(A)　　(M)　　(M)　　(M)

⇦ 外力　　⇦ 外力

← 双晶
界面 →

冷却　　負荷　　負荷

外力 ⇨　　外力 ⇨

お湯 (100℃)　　室温 (25℃)

元に戻る　　　　　　　加熱

図 2.43　形状記憶合金線の中の原子の動き.

図中の①高温（100℃）のオーステナイトでは正方形に並んでいた原子が，②室温（25℃）のマルテンサイトではひし形に変化します．これがマルテンサイト変態です．このひし形の結晶に力を加えるとひし形の向きがそろうように原子が移動します．この時に，線全体の形は変わりますが，原子レベルでは上下左右の原子のつながりは変化しません．③のように変形した形状記憶合金線をお湯に漬けると，マルテンサイトがオーステナイトへ戻る，すなわち原子の並びがひし形から正方形へ戻るために，元のオーステナイトの形に全体の線の形状が回復します．

■ 加熱しなくても形が元に戻る超弾性

　次に形状記憶合金のもう一つの特徴である「超弾性」と呼ばれる現象について説明します．形状記憶合金を使っためがねのフレームを大きく曲げても，力を取り除くとすぐに元に戻るのは，この「超弾性」を利用しているからです．超弾性も図 2.43 を使って説明ができます．超弾性合金は室温で正方形の「①母相（A）」です．先の形状記憶合金では 100℃から室温へ冷却することでひし形のマルテンサイトになりましたが，超弾性合金では，温度は変えずに室温のままで正方形に力を加えることによりひし形のマルテンサイトになります．温度が一定で力（応力）を加えることによって引き起こされる相変態なので，応力誘起マルテンサイト変態と呼びます（1.2 節で取り上げたステンレスの磁性の変化も応力誘起変態でした）．そして，力を取り除くと正方形の「①母相（A）」に逆変態し，元の形に戻ります．

　「形状記憶」と「超弾性」の違いは，マルテンサイト変態が生じる温度です．「形状記憶」では高温からオーステナイトを冷却すると，室温よりも高い温度でマルテンサイト変態が生じて，室温ではマルテンサイトの状態になっています．一方「超弾性」ではマルテンサイトになる温度が室温より低いので，室温ではオーステナイトのままです．しかし，力を加えるとマルテンサイトに変態します．ただし，この場合は 1.2 節で行った実験とは異なり，力を取り除くと元のオーステナイトに戻ります．これが，形状記憶合金における「形状記憶」と「超弾性」の違いです．

■ 新たな形状を記憶させるには

　それでは，ここで実験した「形を覚えさせる」メカニズムはどうなっているでしょうか？　図 2.44 を使って説明します．実験 20 の手順 1 では②のマルテンサイト状態のワイヤーを銅のパイプに入れます．実験 20 の手順 2 では覚えさせたい形に変形します．この時にパイプの中の形状記憶合金では③のような双晶変形が生じています．実験 20 の手順 3 では変形した線を加熱します．形状を記憶させるにはここが重要です．この時に (M)→(A) の逆変態が生じるのですが，ここでは銅のパイプで線の形が拘束されているために元の構造すなわち，高温で安定な正方形のオーステナイトに戻ることができません．その結果，形状記憶合金線の中の原子は，拘束した銅パイプの形に添って一部上下左右の原子のつながりを断ち切り正方形に戻ります．図 2.44 の④では正方形に戻っていますが，すべり面と書かれているところで段差ができているのがわかるでしょう．これで銅のパイプの形に沿って正方形に戻った時に原子が切れた部分です．これにより新しい形が記憶されました．この原子のつながりを切るためには，熱のエ

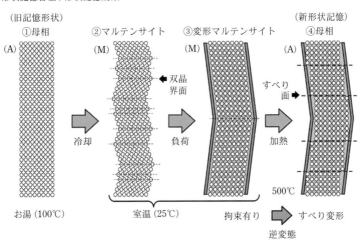

形状記憶合金 / 形状記憶効果

図 2.44　銅のパイプで固定した場合の形状記憶合金線の中の原子の動き．

ネルギーが必要となるので，ニチノールの形状記憶処理は 400 ～ 500℃の高温で行われます．

■ 形状記憶合金の最新研究

　これまでの実験で使ってきたニチノールは，優れた形状記憶特性と超弾性特性と持つ代表的な合金なのですが，①加工が難しい，②値段が高い，③低応答性（形状のもどる速度がゆっくりしている），④ Ni によるアレルギー，⑤使用温度幅が狭い，⑥繰り返し特性の制約（繰り返し使うと形状が回復しなくなる），などの欠点があります．最近ではこれらの欠点を克服すべく，形状記憶合金に関する研究が精力的に行われています．少し専門的になりますが，開発例をみてゆきましょう．

　①と②の問題ですが，例えば銅（Cu）とアルミ（Al）とマンガン（Mn）を混ぜ合わせた Cu-Al-Mn 合金は，Ni や Ti よりも材料費が安く加工性に優れるため，線材以外の用途への実用化が進んでいます．例えば，板状に加工した後，打ち抜きや曲げ加工により複雑な形状に成形した Cu-Al-Mn 超弾性合金が「巻き爪矯正デバイス」として実用化されています．③の問題に対しては，時間がかかる温度の上げ下げで形状を変化させるのではなく，磁場を用いて形状を瞬時に制御できる強磁性形状記憶合金（Ni_2MnGa ホイスラー合金）が 1996 年に見いだされています．2006 年に発見された NiCoMnIn 合金は，強い磁場を印加すると常磁性のマルテンサイトから強磁性の母相に逆変態し，除加するとマルテンサイト変態する性質を持つメタ磁性（磁場により常磁性から強磁性に変化する現象）形状記憶合金として注目されています．磁場を利用するといっても現状では超伝導電磁石を用いたとても強い磁場が必要ですが，ネオジム磁石などの強力な永久磁石によって制御できるような材料が見つかれば，実用化が期待できます．④の問題に対しては，TiNi 合金に含まれる Ni は人体へのアレルギー反応が懸念されており，Ni を含まず TiNi 合金に匹敵する特性を有する形状記憶合金の開発が進んでいます．例えば Ti にタンタル Ta，ニオブ Nb，ジルコニウム Zr，ハフニウム Hf などの人体に悪影響を及ぼさない元素を添加して作製した Ti-Ta-Nb-Zr-Hf 合金が生体用の超弾性合金として報告されて

います．⑤の問題に対しては，Fe-Mn-Al-Ni 合金があります．この合金は TiNi 合金よりも 10 倍も広い温度幅で超弾性特性を示すことから，温度変化の大きい環境で利用できる超弾性合金として開発が進められています．また，TiNi 系の合金が利用できない 100℃以上の温度で機能する形状記憶合金の研究も進められています．TiNi 合金に Hf や Pd などの高価な元素を加えた合金が候補として挙がっていますが，形状記憶特性，加工性，高コスト，高温での安定性など問題点が多いため，実用化には至っておらず，さらなる研究と開発の進展が期待されています．

COLUMN

夜空ノムコウ

2019 年 2 月，JAXA の小惑星探査機「はやぶさ 2」が小惑星「リュウグウ」に着陸し，「リュウグウ」の石や砂の採取に成功し，そして 2020 年 12 月に地球に帰還しました．これにより生命起源の解明への期待が膨らんできます．初代「はやぶさ」では 2007 年 1 月 17 ～ 18 日に探査機内の試料採取容器を地球帰還カプセルに搬送，収納し，外フタを密閉する運用が実施されました．試料採取に用いられる「弾丸撃ち込み式試料採取装置 (サンプラー)」は，探査機と小惑星表面を円錐・円筒でつなぐ「ホーン」，円錐上端に伸びるチューブを経て試料を取り込む茶筒状の採取試料容器「キャッチャ」，「キャッチャ」を探査機側面の地球帰還カプセルに移動・収納させる「搬送機構」および小惑星表面に向けて重さ 5 g のタンタル製の弾丸を発射する射出装置「プロジェクタ」から構成されており，チューブの退避，キャッチャの搬送，およびばね力解除に形状記憶合金が利用されました．モーターのような複雑な構造を必要としないため軽量で，通電により発生するジュール熱で温度を制御することで精密な動作が可能となる形状記憶合金の特長によるものです．形状記憶合金が電波の往復に 7 分半も要する遠く離れた宇宙空間で確実に活用された実績は，先人による研究・開発の賜物であることは間違いありません．

(参考：JAXA ホームページ，トピックス・アーカイブ (2007 年)，http://www.isas.jaxa.jp/j/topics/topics/2007/0130.shtml)

まとめ

　ここでは形状記憶合金について実験をしてきました．温度と変形の両方の効果が複合して現れる現象なので，マルテンサイト変態や双晶変形などの専門用語も多かったと思いますが，その概略をわかってもらえたのではないかと思います．最後に形状記憶合金についての書籍とNIMSが作成している実験ビデオ，そして最新の研究に関する論文を挙げておきますので興味のある方は参考にしてください．

参考書籍，ウェブサイト

・大沼郁雄，伊藤　聰：東北大学創造工学センターにおける体験学習の取り組み，まてりあ，**54**（2015），142-146.
・井口信洋：形状記憶合金の話，アグネ，（1984）.
・（一社）形状記憶合金協会編著：トコトンやさしい形状記憶合金の本，日刊工業新聞社，（2016）.
・松浦晋也：飛べ！「はやぶさ」：小惑星探査機60億キロ奇跡の大冒険，学研教育出版，（2011）.
・未来の科学者たちへ #02「形状記憶物質」
　https://www.youtube.com/watch?v=Aycf46ocKxA
・貝沼亮介：まてりあ，**56**（2017），151 155.
・田中豊延，喜瀬純男，大森俊洋，貝沼亮介，石田清仁：まてりあ，**51**（2012），108-110.
・大森俊洋，貝沼亮介：金属，**88**（2018），621-628.
・金　熙榮，宮崎修一：金属，**88**（2018），665-671.
・戸部裕史，御手洗容子：金属，**88**（2018），649-656.

君の名は？

　ロシアの化学者ドミトリ・メンデレーエフが周期表を提案したのは
1869 年で，150 周年の節目に当たる 2019 年は国際周期表年として多くの
イベントが行われました．また，2016 年 11 月 30 日には原子番号 113 の
元素が「ニホニウム；Nh」と正式に名付けられています．これらを機に
元素名の起源について関心を持たれたという方も多いのではないでしょ
うか．例えば，第 2 章で取り上げた形状記憶合金のニチノールの主成分
はニッケル (Ni) とチタン (Ti) です．この元素名ニッケルはドイツ語の
Kupfernickel（悪魔の銅）に由来し，チタンはギリシア神話における地球
最初の子であるティーターンにちなんで命名されています．その他の元
素名は発見者の祖国や発見場所に関係した国名・地名に由来するものが
多くあります．この例としては Nh に加えて，ゲルマニウム (Ge) やフラ
ンシウム (Fr) があります．また，キュリウム (Cm) やアインスタイニウ
ム (Es) のように誰もが知っている科学史上の著名人の名を冠した元素も
見受けられます．もちろんメンデレビウム (Md) としてメンデレーエフ
の名前からとった元素もあります．メンデレーエフから 150 年後の現在
の周期表には 118 の元素が含まれていますが，これからどこまで発見さ
れるでしょうか．もはや実用上は意味がないかもしれませんが，これか
ら発見される元素が未知の特性を持っている可能性はないでしょうか．
　一方で，元素の名前と同様に，材料の相や組織にも発見者や偉大な功
績を残した研究者の名を冠した例が多く見られます．形状記憶効果や超
弾性効果は温度の昇降や応力の印加・除加に対応して，オーステナイト
(austenite) とマルテンサイト (martensite) が可逆的に相変態を起こすこ
とにより発現します．前者は鉄-炭素系状態図研究の先駆者として知られ
るイギリスのロバーツ-オーステン (William C. Roberts-Austen；1843 ～
1902)，後者は金属の顕微鏡研究の実用化を開拓したドイツのマルテン
ス (Adolf Martens；1850 ～ 1914) の業績を称えて，フランスのオスモン
(Floris Osmond；1849 ～ 1912) により命名されました．命名者自身の名
前ではなく，最も感謝を受けた価値のある先達を称えるオスモンの気配
りには頭が下がる思いです．

第3章　作ってみよう

　第1章，第2章では材料の物性や強度といったいろいろな材料の特性に着目して実験を行ってきました．それらの材料を実用に利用するには，刃物の形やねじの形などの必要な形を与える必要があります．材料に形を与える方法は，鍛造や加工などいくつかありますが，3.1節では鋳造を取り上げて，実際に鋳物を作ります．そしてその時に重要となる金属の凝固についても実験してみましょう．また，3.2節では実用に広く使われているモーターを自作して，モータに必要な電磁石の特性を調べるとともに，モーターを構成する材料の最新の研究についても考えてみたいと思います．

3.1 鋳物を作ろう

鋳物とは鋳造で作られた品物のことです．鋳造とは金属の加工方法の一つで，金属を溶かし，作りたい形の空洞を持つ型に流し込み，冷やし固めて形を作ることです．人類は紀元前4000年頃から，自然金や自然銀から鋳物を作り始めました．その後，紀元前3000年頃には銅とスズの合金である青銅を鋳造して武器や農具，日用品を作る青銅器時代を迎えます．そして現在でも人類は鋳物を作り続けています．鋳造は，鍛造（叩いて形を作る）や切削（削って形を作る）などの他の方法よりも，作ることができる形状の自由度が大きく，大量生産に向いている，リサイクル性が高いなどの長所があります．例えば，私たちに最も身近な金属は鉄ですが，その用途で最も多いのは自動車です．そして自動車は，重量の約1割が鋳物でできているといわれています．その他の鋳物としては，鍋，フライパン，ドアノブ，ミニカー，キーホルダー，マンホールの蓋などが多く使われています．このように鋳物は今でも私たちの生活の中でたくさん使われています．

ここでは実際に鋳物を作りどのような技術がそこに詰まっているのかを調べてみましょう．そして鋳物作りの基礎となる凝固についても，低融点合金の自作や低融点金属原材料を使って触れたいと思います．

実験 21　鋳物を作ってみよう

低い融点を持つ合金を使うことで，一般家庭にある物を使って鋳物を作ることができます．材料や道具を準備して，鋳型を作り，鋳造する一連の作業を詳しく説明して行きます．それでは，実際に鋳物を作る作業を体験してみましょう．

用意するもの

　鋳型（油粘土），粘土べら，模型またはロウ粘土など，低融点合金，ホットプレート（フライパン＋直火で代用可），アルミカップ（お弁当や製菓に使われるもの），軍手，アルミホイルやシリコンマット（作業台保護用），ペンチ（湯口やバリを取り除くため）．ここで使う道具を図 3.1 に示します．

図 3.1　ここで使う道具．

実験方法

手順 1　図 3.2 のように模型を粘土に押し付けて型を 2 つ取ります．ここでは星形の模型を使って型を取りました．これから作る鋳物は，模型を型（粘土）に押し付けて形を転写して鋳型を作るため，完成品と模型は同じ形になります．

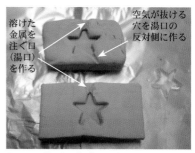

溶けた金属を注ぐ口（湯口）を作る

空気が抜ける穴を湯口の反対側に作る

図 3.2　鋳型の作成．上部に湯口を作る．片方には空気穴をつける．

手順 2　次に型を整えます．まず，湯口（溶けた合金を注ぎ入れる部分）を作ります．図3.2のように両方の型の上部にへこみを作って下さい．

手順 3　粘土べらで片方の型に細く空気が逃げる穴を作ります．ここで空気穴が大きすぎると溶けた金属が流れ出てしまうので穴の太さに気を付けてください．この空気穴は片側のみ作ります．

手順 4　図3.3のように模型を押し付けた部分が合うように2つの型を合わせて隙間を埋めます．これで鋳型の完成です．

図 3.3　鋳型を合わせ，隙間を埋める．

手順 5　作業台の上には料理用シリコンマットなど耐熱性のあるシートを敷いて，その上に作った鋳型を置いてください．

手順 6　図3.4のようにアルミカップは金属を注ぐ側の反対側を，溶湯がこぼれないように重ねて折っておきます．ホットプレートは溶けた金属がこぼれても良いよう，

図 3.4　アルミカップに金属を入れて溶かす．その時にアルミカップの持ち手になる部分を折って補強しておくこと．

アルミホイルで覆っておきます．ホットプレートの温度は合金の融点よりも30 〜 50℃程度高く設定しておきます．

手順 7　アルミカップに低融点合金を入れて溶かします．この時に5分ほど様子を見ても溶ける気配がなければ，アルミホイルで蓋をするか，少し設定温度を上げてください（10℃くらい）．注意：この作業は手順1 〜 5を行って鋳型を用意してから行ってください．

手順 8　アルミカップに少量の低融点合金を入れて溶かします．低融点金属は少量でも重く（密度は水の7 〜 9倍），アルミカップが重みで簡単に変形してしまいますので，溶かす金属の量は必ず少量に

してください.

手順9 軍手をはめた手でアルミカップをつまみ上げ, 図3.5のように鋳型の湯口から溶けた金属（溶湯）を流し込みます. 溶けた金属はサラサラしています. こぼさないように注意してください. この作業は必ず軍手をして行ってください.

図3.5 溶けた金属を鋳型に流し込む様子.

手順10 5 ～ 10分待って十分冷えて固まったのを確認してから, 鋳型を割って鋳物を取り出します. 鋳型は再利用できます（図3.6）.

図3.6 完成した鋳物.

注意事項

低融点金属は溶けた高温の状態でも赤く光ることはありませんし, まったく熱そうに見えませんが十分高温ですのでやけどに注意してください. アルミカップを触るときには必ず軍手をしてください.

溶けた金属は他の金属と反応しやすいため, 加熱したま溶けた状態で放置するとアルミ箔に穴をあけてしまいます. 低融点金属は事前に溶かしておくのではなく, 鋳型が完成してから溶かし始め, 溶けたら速やかに鋳込みましょう.

うまく作るには

低融点合金を選ぶ：ホームセンターやインターネット通販サイトで購入することができます. 一口に低融点合金といっても融点は異なっています. 鋳型に油粘土を使用するため, 融点が100℃以下の低融点金属を推

奨します．融点は最高でも 150℃以下の物を選んで下さい．低融点はん
だを選ぶときにはヤニ（フラックス）入りでない物を選んで下さい．ま
た，一部の合金には鉛やカドミウムなどの有害物質が含まれていますの
で，安全のためそれらを含まない合金を選んでください．

鋳型を選ぶ：軽量タイプの油粘土は融点の低い原料が使われていることが
あります．鋳型が溶けた金属の熱で変形してしまわないように主成分が
カオリンや炭酸カルシウムなどの鉱物の油粘土を使用してください．

模型を選ぶ：模型の大きさの目安としては，厚さは 5 mm 以上で長さ 2 〜
3 cm 程度の物を選んでください．模型が大きすぎると溶けた金属の量
が多くなりすぎて，手順 9 を安全におこなえなくなります．ろう粘土な
どで自分の好きな模型を作っても良いでしょう．

工夫してみよう

図 3.7 のように金属製のパーツを鋳型に入れておくことで，キーホル
ダー用のチェーンの取り付け部を作ることができます．このように部品を
鋳型に入れておいて鋳物本体に接着することを「鋳ぐるみ」と呼びます．

図 3.7　鋳型に銅線を取り付けたところ（鋳ぐるみ）．

２回に分けて注いだ
時にできる鋳造欠陥

図 3.8　２回に分けて注いだ時にできる
鋳造欠陥の例．

きれいな鋳物を作るために鋳込み作業はなるべく素早く行ってくださ
い．複数回に分けるとそこに跡が残ってしまいます．図 3.8 に 2 回に分け
て注いでしまったために途中に線ができている例をあげておきます．　こ
のように鋳型を忠実に再現できていない部分を鋳造欠陥といいます．溶か
したときの温度の違いによって鋳造のやりやすさは変わります．そのほか
どうやったらきれいな鋳物ができるか考えてみてください．

実験 22　低融点合金を作ろう

　低融点合金の明確な定義はありませんが，一般的に純スズの融点（232℃）より融点が低い合金がそう呼ばれています．水に食塩を溶かすと凝固点が下がるように，金属も混ぜ合わせることで凝固点降下する組み合わせが多くあります．低融点合金を作るには，もともとの融点が低いスズ，ビスマス（271℃），カドミウム，インジウム，ガリウム，鉛などを原料として，それらを混ぜ合わせます．前節の実験「鋳物を作ってみよう」で使った合金は，スズ－ビスマス合金で，この合金の融点は142℃になります．純スズよりも90℃，純ビスマスよりも129℃も融点が低くなります．これにより家庭用のホットプレートで容易に溶かすことができます．ここではまずこのスズ－ビスマス低融点合金を作って，融点が下がる様子を調べてみましょう．

用意するもの

　スズ，ビスマス，はかり，ステンレス製の鍋（取っ手付きボール，カップなど），金網，軍手（二重にする），アルミカップ，アルミホイル，カセットコンロ．ここで使う道具を図3.9に示します．

図3.9　ここで使う道具.

手順1 スズとビスマスの合金の融点が最も低くなる混合割合は，重量比にしてスズ：ビスマスが 44：56 の時（後節参照）なので，スズとビスマスの重量比が 44：56 となるように秤量します．スズ，ビスマスともに比重が大きいので，一度に溶かす量は，容器の深さに対して 1/5 を超えないようにしてください．

手順2 作業台にシリコンマットさらにアルミホイルを敷き，アルミカップを並べておきます．

手順3 秤量した金属をステンレスの鍋に入れます．その時に図 3.10 (a) のように融点の低いスズが先に溶けるよう容器の底にスズを入れ，その上にビスマスを乗せます．これにより溶解がスムーズになります．

手順4 図 3.10 (b) のように金網に乗せてコンロの上にセットします．火は金網と鍋底からでないよう弱火に設定します．今回使う材料に毒性はありませんが，念のために換気しながら作業を行ってください．

(a) スズを下にしてから溶解する．スズが先に溶けることで溶解がスムーズに進む．

手順5 融点の低いスズが完全に溶けたら軽く鍋をゆすって融液とビスマスを馴染ませます（図 3.10 (b)）．

手順6 ビスマスが溶けたら速やかに火を止めてください．スズとビスマスの比熱は水の数十分の一なので，溶けた後そのまま加熱を続けると

(b) 金網を乗せて加熱する．この時に弱火で行うこと．

図 3.10 実験の手順.

急激に温度が上がります.
溶解中は絶対に金属から目
を離さないでください.

手順7 手順2で準備しておいたア
ルミカップに溶けたスズ-
ビスマス合金を小分けにし
て注いでください. 入れる
量は図3.11のようにアル
ミカップからこぼれないよ
うに, 底面に広がりきらな

図3.11 溶けた合金をアルミカップに小
分けにする. この程度の少量にすること.

い量にしてください. この作業は必ず軍手をして行ってください.

手順8 このまま冷却してください.

注意点

　原料となる純スズと純ビスマスはインターネット通販サイトなど
で売られています. 金属の塊が大きいと溶かすまで時間がかかるの
で, なるべく小分けされた物を購入してください. 金属を溶かす容
器はステンレス製の物を選びます. 持ち手も高温になる可能性があ
るため, プラスチック部分を含まないすべてがステンレスでできて
いる物を選んでください. 溶けた金属は高温になっているのでやけ
どに注意してください. 過熱を防ぐためにビスマスが溶けた後はす
ぐに火を消してください.

実験 23　融点を比較しよう

　ここでは，前節で作った低融点合金の融点が本当に低いのか，純スズ，純ビスマスと比較して確かめてみましょう.

用意するもの

　スズ，ビスマス，ステンレス製の鍋（取っ手付きボール，カップなど），金網，軍手（二重にする），アルミカップ，アルミホイル，ホットプレート.

実験方法

手順1　図3.12のように純スズ，純ビスマス，作成したスズ–ビスマス合金をホットプレートの上に載せます.

図3.12　ここで作成した低融点合金と，混ぜる前の金属をホットプレートにのせて加熱する. 低融点合金だけが溶けているのがわかる.

手順2　ホットプレートの温度を160℃に設定してスイッチを入れます

手順3　そのまま数分間観察していてください. スズ–ビスマス合金が一番最初に溶けるでしょうか.

手順4　溶けたスズ–ビスマス合金が入ったアルミカップはすぐにホットプレートから降ろしてください. このまま放置しても，スズとビスマスは溶解しないことを確認してください.

注意事項

　溶けた金属は固体金属と反応しやすいため，低融点合金であっても溶けた状態であればアルミ箔に穴があいてしまうことがあります. 溶けたスズ–ビスマス合金が入ったアルミカップはすぐにホットプレートから降ろしておきます.

　もう少し実験をしてみましょう．スズとビスマスを混ぜる割合を変えた低融点合金を作ってみてください．それらが溶けるときの様子は同じでしょうか．また，凝固するときの様子は同じでしょうか．混ぜる割合と，凝固・融解の様子には関係があるでしょうか．溶けた金属が固まってゆく様子をじっと観察して，違いを発見してください．

■ なんで融点が下がるの？

　スズ–ビスマスの合金は，純スズと純ビスマスよりも融点が下がります．これは皆さんがよく知っている食塩の添加による水の凝固点降下と同じ現象です．ここで，凝固点降下が起こる条件を整理しておきましょう．食塩水を凝固させると，塩は氷の中にはほとんど含まれずに，液体の水の方へ濃化します．言い換えると氷の成分（水 100 ％）は変わらず，液体の水だけが塩と水の混合物になります．この時に純水に塩が混ざることでエネルギーが低下するため，液体（食塩水）が氷（固体）に比べてより安定になるのです．

　金属の場合には，固体状態でもある程度混ざる物が多いのですが，固体状態で混ざり合うことができる割合は液体よりも限定的です．これによって食塩水と同じ凝固点降下が生じます．まとめると，凝固点降下は液体から液体の組成よりもより純粋に近い固体が析出するときに生じる現象であるということができます．

■ 溶ける温度が重要なのは

　例えば，マンホールの蓋や鉄鍋などの鉄の鋳物作りを考えましょう．まず，ここで実験したように鉄を加熱して溶かしますが，この時に鉄にどの元素をどれくらい混ぜるかによって凝固点が大きく変わります．混ぜ方によってはいつまでも溶けなかったり，温度を高くしすぎてしまうことになります．融点がわからないと使用しているときにも問題が生じます．例えば，溶けるはずがないと思っていた合金が加熱したら溶け始めたというこ

とも起こります.

■ 溶ける温度をグラフにしてみる

　金属の溶ける温度は，混ざっている元素の種類とそれらの量によって大きく変わります．そのため，あらかじめ合金がどの条件の時にどの状態が安定になるのか（何度で溶けるのか，何度で固まるのかなど）を表した図を作っておくと便利です．この図のことを「状態図」と呼んでいます．現在ではこの状態図がいろいろな元素の組み合わせに対して調べられています．図 3.13 にここで使った低融点合金，スズ−ビスマスの状態図を示します．図の横軸はビスマスの重量％（スズとビスマスを混ぜる割合），縦軸は温度です．図中の赤線は，「液相線」と呼ばれておりこの線よりも上の温度では，スズ−ビスマスの混合した合金は全体が溶けていて，すべて液体になっています．この液相線は純ビスマスにスズを加えてゆく場合と純スズにビスマスを加えてゆく場合で，ともに凝固点降下により低下します．また，この赤線よりも温度が下がり「液＋固」と書かれている領域に入ると，液体のスズ−ビスマスと固体のスズ−ビスマスが共存する状態に

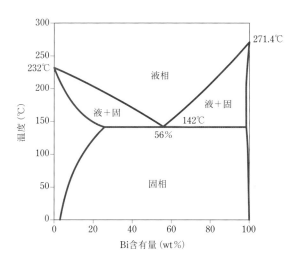

図 3.13　スズとビスマスの状態図.
スズとビスマスを混ぜた時の凝固点の変化がわかる（赤線）.

なります．これらの線が交わった点（56%）を共晶点と呼び最も融点が低くなります．そして，これが今回作成した低融点合金で，スズ–ビスマスの混合比率はこの状態図を元に 44：56 と決定しました．このように状態図は合金成分の選択や製造プロセスに必要な融点などの合金の状態に関する情報を与えてくれるため，材料作成のための地図と呼ばれています．

実験 24　ビスマスの結晶を作ってみよう

　ビスマスの結晶は，非常に美しい形・色をしていることが知られています．結晶は階段状に，中心がへこんだ形に成長します．これはビスマスの結晶は面よりも角（陵と呼びます）の成長が早いからです．このような特徴的な結晶を骸晶（がいしょう）といいます．

　さらに，ビスマス結晶の表面は，薄い酸化物の被膜で覆われています．この膜の厚さは冷却速度によって変化するため，結晶の場所によって厚さが異なり，光の干渉によって多様な色に輝きます．原理としてはシャボン玉の表面が虹色に変化するのと一緒です．

　ここでは，方法を工夫してきれいなビスマス骸晶を作ってみましょう．どの方法が一番きれいな結晶になるでしょうか．これまでの実験の中では，一番温度が高くなる実験なので注意事項をよく読んで実験をしてください．

用意するもの

　ビスマス，ステンレス製の鍋，ステンレス製のトレー，アルミホイル，カセットコンロ，なべしき（金属製の物など耐熱温度が高い物），わりばし，軍手（二重にする），銅線またはクリップ．

実験方法

手順1　作業台の上に，シリコンマットを敷き，鍋敷きとステンレス製のトレーを並べておいておきます．

手順2　実験 22 で低融点合金を作ったときと同じように，ステンレスの鍋にビスマスを入れ，カセットコンロで加熱します．

手順3　全体が溶けたら，温度が上がりすぎないようにすぐに火を止めてください．

手順4　溶けたビスマスの表面は酸化膜で覆われているので，割りばしで端に寄せて取り除いてください．

手順5　そのままよく観察してください．徐々に冷却されて鍋の壁面から

凝固が始まり，結晶が伸びてきます．

手順 6　この時点でステンレス容器を鍋敷きの上に移動します．溶かしてからすぐに移動すると温度が高い場合があるので，凝固開始してから移動するようにしてください．それでもビスマスの融点（271℃）程度はあるので気を付けて移動させてください．移動が難しいようであれば移動せず加熱台の上で作業してください．

手順 7　結晶の成長をよく観察してください．鍋の壁面から延びる結晶が 2 〜 3 mm くらいになると，図 3.14 のように壁面から離れた表面に結晶が生まれているはずです．もし表面の色変化から結晶がどれだかわかりにくい場合には，ステンレス容器壁を割りばしで軽くたたいて液面を揺らしてください．結晶になった部分は揺れないので結晶成長が始まっている部分を特定できます．

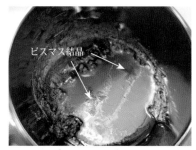

図 3.14　ビスマスの融液の中央から結晶が出てきている様子．

手順 8　鍋底の方向に向かって結晶が成長していますので，このまましばらく結晶が成長するのを待ちます．徐々に凝固が進み，図 3.15 のように結晶部分が増えてきます．

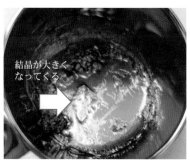

図 3.15　さらに冷却が進むと，結晶が大きくなってくる．

手順 9　中央にできた結晶がある程度大きくなったら，液体中に浮いているうちに，割りばしでつまみ上げ，トレーの上に並べて行きます．中央の結晶と壁から成長してきた結晶が合体してしまうと引き上げられなくなりますので，引き上げるタイミングが重要です．

手順 10 トレーに並べて結晶を十分に冷却してください．図3.16 に完成したビスマス結晶を示します．

図 3.16　完成したビスマスの結晶．

手順 11 手順 7 において，図 3.17 のように加工したゼムクリップをビスマス液体表面に置いてください．そうするとゼムクリップを起点にして結晶成長が始まります．

手順 12 ゼムクリップから成長した結晶がある程度大きくなったら割りばしで引き上げてトレーの上に置きます．どちらがきれいな結晶ができるでしょうか．

手順 13 うまくできなかったら，手順 3 からまた始めてください．

■ きれいな結晶を作るには最初にできる小さな結晶の数が重要

図 3.17 のように気液界面（融液の表面）に発生する核を起点とした方が大きな結晶を得られました．これは，クリップなどを用いるとクリップの周りに小さい結晶核が多数できてしまうことから小ぶりな結晶の集合体になってしまう一方，気液界面では多く

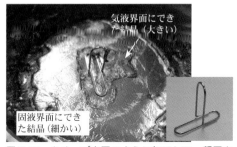

図 3.17　クリップを図のように加工して，凝固させた場合．クリップの周りの結晶と離れたところの結晶では大きさが異なる．

の核が発生しにくいため大きな結晶になりやすいと思われます．また，熱伝導率の高い銅線を使った場合，接触面積を少なくしても確実な核形成を望め，核の生成数は抑えられ比較的きれいな大きな結晶が得られやすいようです（図 3.18）．

図 3.18　銅線を入れた場合.

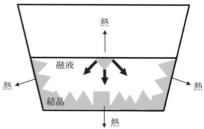

図 3.19　結晶の成長と冷却時の熱の流れ
矢印の向きに熱が流れてゆく. 太矢印は美し
い骸晶に必要な熱の流れ.

■ きれいな結晶を作るにはどうやって冷やすかが重要

　最も重要なことは温度勾配です. 言い換えると, どうやって融液は冷や
されてゆくのか, 熱はどのように流れてゆくのかを考えることです. 今回
の方法で美しい骸晶を得るには, 気液表面に生じた結晶核が, 液相内部下
方に向かう熱の流れに沿って成長しなければなりません (図 3.19). 気液
表面付近の方が内部よりも温度が低くなる場合, 結晶は気液表面を覆うよ
うにのっぺりと成長してしまいます. つまり, クリップや銅線を使って多
数の結晶核を作った場合でも, 温度勾配が適切であれば, 結晶の成長方位
が熱流と一致した結晶核が優先成長して粗大化した美しい骸晶を見ること
ができます. 何度やっても骸晶をうまく得られない場合, 濡れふきんを使
うなどステンレス容器底面からの冷やし方を変化させるなどの工夫をする
ときれいな結晶ができるでしょう.

その他のヒント

　今回の方法では, 結晶は気液表面から深さ方向に成長するため, 融液の
量が足りないとうまく結晶が成長しません. 最低でもビスマス融液の深さ
が 2 cm 以上になるようにしてください. 安全のため, 融液の量が多くな
らないように小ぶりのステンレス容器を使ってください.

　引き上げに金属製のピンセットを使うと引き上げ段階で結晶が溶着して
取れなくなり, 場合によっては取り外す際に結晶が壊れてしまうこともあ

るので，割りばしを使ってください．また，少し難しい方法としては固液共存状態の時に液体だけを流し出してしまい，容器底面から成長した結晶の方を得る方法もあります．

■ アクセサリーにもお勧め

　ビスマス結晶はその美しさからペンダントなどのアクセサリーに加工されて販売されています．ゼムクリップに代えて市販のアクセサリーパーツを核生成の起点として使うこともお勧めですが，ビスマス結晶に亜鉛などの不純物が混ざると美しい色の変化を見せる酸化被膜が作られず単調な銀色の結晶になってしまうことがあります．用いるアクセサリーパーツはめっき品や真ちゅう製などを避け，ステンレス製の物を使うことをお勧めします．

注意事項
　ビスマスの比熱は小さいため（水の約 1/30 です），溶けた後も加熱を続けると温度が上がりすぎて大変危険です．ビスマスを溶かした後は速やかに火を止めてください．また，ビスマスの密度は水の約 10 倍です．少量に見えてもかなり重くなるので，溶かす前に鍋に入れて持ってみてください．それが溶けたときに安全に移動できるかを確認してください．また，鍋の取っ手部分にも相応の加重がかかりますので容器を動かす際には融液をこぼしたりしないよう注意してください．移動が難しい場合には無理に移動せず，加熱台の上でそのまま作業できるよう融解は安定した場所で行ってください．

カッパーアクセサリーについて

　コラムを書いている 2021 年 1 月，金の相場は 1 g 約 6,900 円で，ここ数年プラチナ価格を上回っています．この金価格の高騰のせいで，以前は金のアクセサリーと言えば 18 金が一般的でしたが，最近は手ごろな価格のアクセサリーとして金の濃度が低い 10 金が人気で，特に色の可憐さから 10 金のピンクゴールドが流行しているようです．装飾品の世界では，金の純度は 24 分率で表され，24 金が純金，18 金は，18/24 × 100 ＝ 75％，12 金以下となると金は半分以下しか含まれないことになります．合金の組成比には 2 種類の表し方があり，1 つは含有元素の重量比で表される重量％，もう 1 つは含まれる原子の数の比で表わされるモル％や原子％です．合金を作るときには素材の重さを測って目的の濃度の合金を作りますが，原子間の反応や相互作用など原子スケールの性質を考える際には原子％を使うことが多いようです．そのため，図 3.13 の合金状態図でも取り上げた合金状態図集では両方の濃度が記載されています．

　さて話は最初に戻りますが，24 分率の金濃度は重量％ですが，これを原子％に直してみましょう．重量％を原子％に直すには，重量比を原子量で割ります．10 金ピンクゴールドは銅を利用して色調に赤みを持たせており，一般的な割合は銅が 8 割，残りが銀やパラジウムです．銀とパラジウムの原子量はほぼ一緒なので，簡単のため割金は銅：銀＝ 8：2 とします．原子量は金 197，銅 63.5，銀 108 なので，10 金ピンクゴールドの金の原子％を計算すると

$$10/197/(10/197 + 14 \times 0.8/63.5 + 14 \times 0.2/108) \times 100 = 20 (\%)$$

となります．すなわち，ピンクゴールドの中身は原子の数で考えると，10 個の原子のうち，2 個が金，7 個が銅，1 個が銀となり，10 金ピンクゴールドのアクセサリーは，実は金ではなく，ほとんどが銅（カッパー）でできているアクセサリーなのです．また，ピンクゴールドには 18 金のものもありますが，同様に計算してみると 51％で約半分が金になります．

　金が多くの人から好まれるのは，黄金色の輝きが褪せないからだと思います．銅も美しい赤銅色をしていますが，流通後の 10 円玉のように容易に酸化や硫化されその輝きを失ってしまいます．しかし，銅に原子比で金を 2 割ほど混ぜるだけで，銅らしい赤みのある金属光沢の美しさを長く楽しめるのであれば，それはそれで素敵だと思います．

まとめ

　材料を必要な形にするための手法として，鋳造は古くからおこなわれてきました．単に金属を溶かして冷やして固めるだけではなく，どれだけ加熱するのか，どれだけ速く冷やすのか，そしてどの元素をどれだけ混ぜるのかなど，目的に合わせて鋳物を作るためには，微妙な条件のコントロールが必要になることがわかっていただけたのではないかと思います．ここで取り上げた実験の条件はいろいろ変えられます．他の低融点元素など金属の種類を変えたり，鋳型を粘土から金属製の金型へ変えたりすることで，出来上がった鋳物に何か変化があるでしょうか．

　最後に鋳造や状態図に関する書籍とNIMSが作成している実験ビデオを紹介しておきますので，興味のある方は参考にしてください．ここに紹介した実験はNIMS研究業務員の澤田由紀子さんと行ったものです．ここに感謝いたします．

参考書籍，ウェブサイト
・西　直美，平塚貞人：トコトンやさしい鋳造の本　日刊工業新聞社，(2015)．
・後藤創紀，布村一興，中野英之，仁科篤弘：児童や生徒の金属に対する興味・関心を醸成するビスマス結晶づくり，まてりあ，**56**，No.4 (2017)，291．
・三浦憲司，小野寺秀博，福富洋志：見方・考え方 合金状態図，オーム社，(2013)．
・未来の科学者たちへ＃11「低融点合金」
　https://www.youtube.com/watch?v=bu0IY4WRP14

3.2 モーターを作ろう

　この節では，エネルギーと材料について取り上げます．現在，私たちの身の回りではいろいろなエネルギーが使われています．例えば，電気エネルギー，熱エネルギー（石油ストーブなど）や風力・潮汐などの自然エネルギーがあります．これらの中で今回は，電気エネルギーに焦点を当てて材料の研究について考えます．家に帰ってスイッチを入れれば電灯が付いたり，テレビが付いたりします．いろいろな発電方法がありますが，現在私たちが身の回りで使っているこれらの電気の大部分は火力発電所で作られています．発電所で使われる材料は多種多様で，それぞれに高度な材料に関する技術が詰まっていますが，ここでは発電所で電気を起こす役目を担っている発電機に注目します．発電機の原理はモーターと同じなので，以下ではどちらもモーターと呼ぶことにします．

電気を作るモーター

　火力発電所では，まず熱エネルギーを運動エネルギーに変えて，さらに運動エネルギーを電気エネルギーに変えることで電気が作られています．例えば，石油や天然ガスなどの化石燃料を燃やし，その熱で高温・高圧の水蒸気を発生させ，発生した水蒸気の勢いでタービン（大きな扇風機）を回し，その先につなげられたモーターが回転することで電気が作られます．身近な例だと，やかんで水を沸騰させるとやかんの口から勢いよく水蒸気が出るのを思い浮かべてください．コンロの熱（熱エネルギー）で蒸気を発生させ，蒸気の勢い（運動エネルギー）でモーターを回して電気エネルギーに変換しているのです．この時，運動エネルギーから電気エネルギーへの変換はフレミングの右手の法則で，その逆の電気エネルギーから運動エネルギーへの変換はフレミングの左手の法則になります．どちらの法則でも電（中指）・磁（人差し指）・力（親指）となります．

電気を使うモーター

　一方で電気を使う場合を考えてみましょう．また少し身の周りを見回してください．どんな電気製品が見つかりましたか？　例えば電気自動車，電気自転車，洗濯機，エアコン，携帯電話のバイブ機能など，私たちの生活にはモーターは欠かせない存在になっています．この場合のモーターは電気エネルギーを運動エネルギーに変える装置として用いられています．今後，日常生活の中のいろいろな物がさらに自動化されてゆくはずです．電源をつないで自動で何かが動くとき，例外もありますが，そこにはモーターがあると思って間違いないでしょう．すなわち，電気を作るところから使うところまでに深く関わっているモーターの性能が向上すると，私たちの生活のいろいろなところに大きな影響がありそうだということがわかると思います．ここでは簡単なモーターを作り，モーターの構造とモーターにおける材料研究について考えてみましょう．

実験 25　モーターを作ってみよう

　ここで作るのは，単線モーターまたはくるくるモーターと呼ばれている最も簡単なモーターです．この単線モーターを使って，モーターに必要な材料科学について考えてみましょう．

用意するもの

　ペンチ，ネオジム磁石（強力磁石），アルカリ単三電池，銅線（線径1 mm），紙やすり．ここで使う道具一式を図 3.20 に示します．

実験方法

手順 1　ネオジム磁石を図 3.21 (a) のように 2 個重ねてペンチの上に載せます．1 つでもよいのですが，このように少し高さがあった方が作りやすいと思います．

手順 2　図 3.21 (b) のように単三電池のプラス極のでっぱりの部分を下にして，強力磁石の上に付けます．これでモーターの本体は完成です．

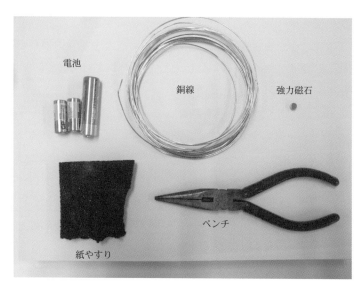

図 3.20　ここで使う実験道具.

手順 3　銅線をうまく加工して，スムーズに回るようにいろいろ工夫してください．一番シンプルな例を図 3.21 (c) にあげておきます.

モーターの材料選び

　ここで土台に使っているペンチがなければ，何か土台になるもの（磁石に付いて，安定しているもの）を探してください．例えば，木片などに釘を打ってそれを土台にしたり，鉄製のフライパンでも代用できます.

　磁石はネオジム磁石を使ってください．直径が 6 mm くらいの円柱状の強力磁石を使うと作りやすいと思います．フェライト磁石を使ってもよいですが，磁力が弱いのできれいに回りません.

　電池はアルカリ電池を使ってください．サイズは単三電池が使いやすいでしょう．ここでアルカリ電池を使うのは，マンガン電池ではプラス極の先端にピップと呼ばれる小さな突起が設けられていることが多く，磁石の上に載せたときにまっすぐに立たないからです．お勧めは，ピップのない電池ですが，もちろんあえてマンガン電池を使ってみるというのもよいと思います.

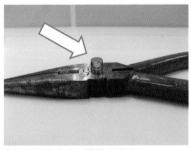

（a）ペンチの上に磁石を付ける.

（b）プラス極を下にして電池を載せる.

（c）銅線をうまく加工する.

図 3.21　モーター作成の手順.

　ここでは金属線として銅線を使いますが, 磁石につかない電気を通す物であればなんでも代用できます. 使えない物としては, 例えば, 鉄線は, 電気を通すのですが磁石にくっついてしまうので使えません. 絶縁体のエナメルで被覆されたエナメル線や色付きの金属線は, 被覆によってそのままでは電気を通さないので使えませんが, 表面のエナメルや塗装を紙やすりではがせば使えます. 線の太さは, ここでは 1 mm としていますが, その他のサイズでも構いません. 細ければより細かい細工が可能になりますので, うまく作れるようになったら, 細い線でも試してみてください.

うまく銅線を回転させるためには

　モーターは永久磁石（ネオジム磁石）と電磁石（銅線）の 2 つの磁石間の引力・斥力で回転します. したがって銅線に電気が流れて電磁石になっていることが重要です. ただし, 常に電流が流れている必要はありません. 例えば図 3.21 (c) のモーターの回り方をよく観察してみてください. ある

瞬間だけネオジム磁石部分に接触して回転力を得られれば，モーターは回り続けます．これは回転するときの摩擦に関係してきます．接触する時間を制御することで，素早くぐるぐる回すことも，ゆっくりしなやかに回転させることも可能ですので，試してください．うまく回転させるもう一つのコツは，回転したときの銅線のバランスです．作った銅線が回転したときにどうなるのか，銅線の回転軸を意識することが重要です．うまく回転軸ができていると，長時間回すことができます．

注意事項

　金属線に電流を流すと熱が発生します（ジュール熱といいます）．これは電熱器が熱くなるのと同じ原理です．過熱によるやけどを避けるためにもモーターを 30 秒以上回さないようにしてください．このモーターを長時間回した後は，銅線が少し熱くなっていることがあるので気を付けてください．また，うまく回らずに，通電したままモーターが止まってしまうことがあります．これは回路がショートしているのと同じ状態なので，銅線が過熱してしまうため，すぐに銅線を外してください．

マクスウェルの鍋

　現代の私たちはモーターを当たり前のように使い，発電機で発電された電気はいつも供給されているのが当たり前のように感じています．この電気・磁気による便利さを利用できるのは，これまでの多くの発明・発見があったからこそです．そこには，多くの科学者が係ってきましたが，やはりその中でも電磁気学を作り上げたイギリスの科学者マクスウェルは別格でしょう．マクスウェルが活躍したのは今から大体 150 年前，19 世紀後半になります．

　この電磁気学の成果が感じられる身近なものは多いのですが，その中にたとえば IH があります．IH とは誘導加熱（Induction Heating）のことで，電磁石を使った加熱方法です．調理台の中にはコイルが入っており，これに電流を流すとコイルは電磁石になります．この電磁石に金属を近づけると，その金属の中に電流が流れます．この電流は，電磁石によって誘起された電流なので誘導電流といいます．電流が流れるということは，ジュール熱が発生するので，金属（すなわち鍋）が加熱されるということになります．これが IH のメカニズムです．第 3 章では電磁石と金属芯の関係について実験を行いましたが，その実験から IH 調理に向いた鍋の材質がわかるでしょうか？より強い電磁石はより大きな誘導電流を生じさせると考えるとどうでしょうか．アルミニウムや銅では電磁石の強さは変わらなかったのに，鉄やニッケルでは強くなりました．なので，正解は鉄鍋がよいということになります．もちろん，ニッケル鍋も有効ですし，ほかにはコバルト鍋やマンガン鍋も考えられます．簡単にまとめると電気を通して磁石につく元素であれば IH 調理に向いているのです．強い電磁石にならない銅やアルミも若干加熱できるのですが IH には向いていません．また絶縁体の土鍋は使えません．

　マクスウェルの生きた 19 世紀には IH コンロも電気自動車もあるはずもなく，私たちの生活は電気エネルギーの恩恵を受け大きく変化してきました．冬に IH コンロで鍋を囲んでいる私たちをマクスウェルがみたらどうでしょう．私ならこれは私の功績だぞ！と大声で自慢したくなるかもしれません．しばし鍋の前で耳を澄ませれば，後ろからマクスウェルの叫び声が聞こえる，ことはないとしても，マクスウェルに思いをはせながら楽しむ鍋はまた違った味になるのではないかと思います．

いろいろなモーターを作ろう

　前節の実験で変えられる要素は，磁石，電池，銅線の3種類です．これらを変えた例をここで紹介します．この他にもいろいろな方法があると思うので，考えてみてください．図3.22 (a) 〜 (c) にいくつかのモーターの作成例を示しておきます．皆さんも独自の工夫をしてみてください．

実験 26-1：磁石を変えてみる

　ネオジム磁石の代わりに，フェライト磁石を使ってみてください．磁石の強さで，回り方が変わるでしょうか？ このネオジム磁石は $Nd_2Fe_{14}B$ という化合物でできています．この化合物は電気を通さないのですが，市販されているネオジム磁石は表面が金属でメッキされているので，メッキを通して電気が流れます．このメッキの役割は，化合物に含まれるネオジムと鉄が酸化しやすいのでそれを避けるためです．同様に，フェライト磁石は鉄の酸化物で電気を通しませんが，酸化の心配がないのでメッキがされ

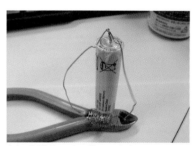

(a) 先端をコイル状にしたもの.

(b) アルミホイルを使ったもの.

(c) 電池を2個直列にしたもの.

図 3.22　いろいろなモーターの作成例.

ていません．フェライト磁石を使うときには銅線に電気が流れるようにいろいろ工夫してみてください（例えば表面にアルミ箔を貼るなど）（図3.22 (b))．

実験26-2：電圧を変えてみる

　単五電池などの小型電池を使って，電池を2つ直列にしてみてください．電池と電池はネオジム磁石でくっつけるとよいでしょう．電圧が上がると，電流もより多く流れますので，過熱により注意して実験してください．さらに電圧が高いV9電池は安全のため使わないでください（図3.22 (c))．

実験26-3：金属線を変えてみる

　ホームセンターに行くと，アルミニウム線，黄銅線，ステンレス線などいろいろな線が手に入ると思います．これらの線の材質の違いで回り方が変わるでしょうか？　線の太さを変えたらどうでしょうか．その他にも身の回りで回転させることができる物があるでしょうか？

　アルミニウム線を使う場合，うまく回らないことがあります．その原因の1つは表面の酸化物（アルミナ）です．このアルミナ層は電気を通さないので，紙やすりでアルミ線の表面を削ってから使ってください．その他の線も，もし回らなかったら，表面に何か被覆されている可能性がありますので，同じように紙やすりで表面をこすってから試してください．

電磁石の特性を調べよう

　これまでの実験から，モーターを構成し動作させるためには3つの材料が必要で，それは永久磁石，電磁石，電源であることがわかりました．図3.23 (a) の模型用モーターを分解すると，中心に回転する電磁石（図3.23 (b)）があり，その周りに永久磁石（図3.23 (c)）が配置されていることがわかります．ここでは材料の研究という観点からモーターに重要な電磁石について考えてみましょう．

　図3.23 (b) に示したように電磁石は，鉄芯の周りに銅線を巻いただけのごく簡単な構造をしています．この銅線を巻いたコイルに電流を流すと磁界（磁石の性質と考えてください）が発生します．電流の流れる向きと発生する磁界の向き（磁石の向き）には関係があり，右ねじの法則として知られています．この時の電磁石の強さは，コイルの巻き数と電流の大きさに比例して大きくなります．まずは，この電磁石の特性を調べるために簡

(a) 模型用モーターの外観.

(b) 電磁石（赤い部分がコイル（銅線）で矢印部分が鉄芯）.

(c) 永久磁石部分.

図3.23　分解した模型用モーター.

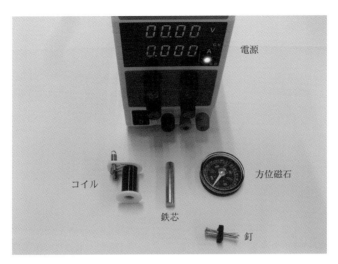

図 3.24　ここで使う実験道具.

単な実験をしてみましょう. 以下では 3 つの実験を紹介します.

用意するもの

　エナメル線 (線径 0.5 mm 程度), コイル, 直流電源, 小さい釘 (ま
たはゼムクリップ), 方位磁石, 鉄芯. ここで使う道具を図 3.24 に示
します.

実験 27-1：電磁石の強さを調べてみよう

　コイルに電源をつないで, 電磁石の強さを確かめます. ここでは, 市販
のコイルを使っていますが, 自分でエナメル線を巻いて作ることもできま
す. この電流と磁石の強さの関係は, アンペールの法則として知られてい
ます. 電圧を変えて, 電磁石にくっつく釘の数が変わるか調べてください.
図 3.25 の左上の数値は, 上段が電圧 (V), 下段が電流 (A) です. 釘は動い
たでしょうか？

　次に方位磁石を使ってみてください. 電流を流さないと図 3.26 (a) のよ
うに, 方位磁石は北 (N) を向いていますが, 電流を流した結果が図 3.26 (b)
です. したがって, コイルに電流を流すと弱い電磁石になっていることが

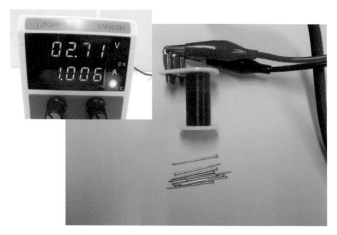

図 3.25　コイルのみに電流を流した場合. 左上の写真は，この時の電圧と電流値.

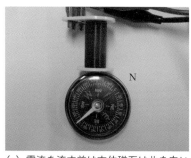

(a) 電流を流す前は方位磁石は北を向いている.

(b) コイルに電流を流すと引き寄せられる.

図 3.26　コイルのみに電流を流した場合の方位磁石の様子.

わかります.

実験 27-2：鉄芯の役割を調べてみよう

　電流を 1 A に固定して，金属芯のあるなしで電磁石の強さを調べてください. 鉄芯の有無によって電磁石に付く釘の数はどれくらい変わるでしょうか. 図 3.27 は同じ 1 A で鉄芯を使った結果です. 鉄芯を使うと単にコイルだけの場合よりも，強い電磁石になることがわかります.

図 3.27　コイルに鉄芯を使った場合（電流は同じ 1A）には，多くの釘がひきつけられている.

実験 27-3：金属芯の役割を考えてみよう

　鉄芯だけではなくいろいろな金属を電磁石の中においてみましょう．その前後で金属の磁性は変わるでしょうか．ここでは，コイルを自作しました（図 3.28）．あまり巻き数が多くないので，先ほどまでの実験で使ったコイルよりも弱いのですが，これで実験をしてみます．金属芯として使う金属は，NIMS で一般公開の時にクイズとして使っている金属棒を使います（図 3.29）．サイズがそろっているので，径を合わせたコイルを作成すれば，簡単に芯の金属を変えた場合の実験ができます．皆さんが実験をするときには，コインを束ねて棒状にしてください.

　実験結果を図 3.30 (a) ～ (d) に示します．金属は 10 種類あるのですが,

図 3.28　自作のコイル，金属芯，釘.

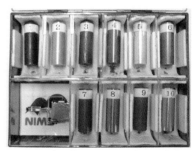

図 3.29　金属芯と電磁石の強さの実験に使った名前当てセット．NIMS では一般公開において，ここにある 10 種類の異なる金属の名前を当てるクイズを行っている.

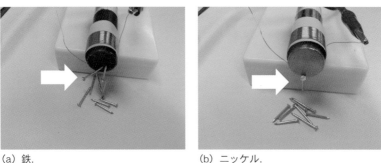

(a) 鉄.　　　　　　　　　　　　(b) ニッケル.

(c) アルミニウム.　　　　　　　(d) 銅.

図 3.30　金属芯の材料と電磁石の強さの実験.

ここでは代表的な4つ（鉄，ニッケル，アルミニウム，銅です）を使った
結果を示しています．これを見れば一目瞭然ですが，<u>鉄を使った場合が一
番強い電磁石になっています．</u>ニッケルも少しだけ釘を引き付けています
ので，鉄ほどではありませんが，少し電磁石を強くする効果があることが
わかります．一方，アルミニウムと銅はまったく変わりません．

注意事項

　電流を流すとジュール熱によりコイルが高温になります．安全の
ため，電流を1A以上は流さないようにしてください．また1A
でも長時間電流を流さないでください．たまにコイルが加熱してい
ないか触りながら安全を確かめて実験をしてください．

■ 電磁石の材料

　これまでの実験で，電磁石の大まかな特徴がわかったのではないかと思います．この電磁石を高性能化するにはどうしたらよいでしょうか．ここでは電磁石に関する材料の研究を考えてみましょう．

　電磁石を構成する主要な材料は，コイル用の金属線と金属芯です．まずはコイル用金属線ですが，この金属線には電気をよく通す性質が求められるので，純銅線が用いられます．銅の中の不純物は，電気抵抗を増加させるので，高純度の銅が用いられることもあります．また，強度が必要な場合や高温にさらされる場合などには，純銅以外の金属 (真ちゅうやニッケル合金など) が用いられます．特殊な合金としては，高強度と高導電性を兼ね備えた銅と銀の合金線があり，強磁場マグネットに使われています．

　金属芯には，電磁鋼板という鉄にシリコンを少し混ぜた特別な鉄合金が使われています．この材料は軟磁性材料と呼ばれ，別の磁石を近づけるとすぐに自分の磁石の向きを変えてしまう特徴があります．これを磁気的に軟らかいといいます．第1章で取り上げた永久磁石は，外部からの強い磁力にも耐えることができる特徴が求められ，これを硬磁性材料と呼びます．

■ 金属芯は薄い板が積み重なってできている

　ここで，より良い電磁石を作ることを考えてみましょう．電磁石の金属芯の中では，コイルで発生した磁界により電流が流れます (これを渦電流，誘導電流といいます)．それによってジュール熱が発生しエネルギーのロスが生じます．これとヒステリシス損を合わせて，鉄損といいます (詳細は最後に紹介する書籍を参照してください)．この鉄損を改善するため図3.23 (b) のように金属芯は薄い板が積み重なった構造をしています．これらの板と板の間は絶縁されているため，板と板の間には電流が流れませんし，板を薄くしたことにより一つ一つの板の電気抵抗も大きくなります．その結果，誘導電流の発生が抑えられ，モーターの効率向上につながります．実際のモーターにおいては，これらのエネルギーロスに加えて，モーターの回転時の摩擦やコイルに使う銅線の電気抵抗によるジュール熱もエ

ネルギー効率を下げる要因になります．すなわちモーターの構造設計がも
う一つ重要な点です．

まとめ

　ここでは，モーターに関わる磁石，電磁石の材料について実験をしてき
ました．これらを基に，最初の「モーターを作ろう」に戻って，どのよう
にしたらより速く回るのか，どのようにしたら効率的に回るのかなど，も
う一度，考えて作ってみてください．性能の良いモーターを作るには最適
な材料を揃えること，そして，それらをうまく配置するモーターの設計が
重要になってきます．設計については，材料の研究からは少し離れてしま
うので，ここでは触れませんでしたが，興味のある方は書籍をあげておき
ますので参考にしてください．また NIMS が作成している関連動画も紹介
しておきます．

参考書籍，ウェブサイト
- 高効率モーター用磁性材料技術研究組合（MagHEM）
　http://www.maghem.jp/project.html
- 元素戦略磁性材料研究拠点
　https://www.nims.go.jp/ESICMM/
- 赤津　観：最新版 モーター技術のすべてがわかる本，ナツメ社（2012）.
- 未来の科学者たちへ #03「電磁誘導」
　https://www.youtube.com/watch?v=8Ovp4D00Lxg
- だからレアアースが必要なんです！
　https://www.youtube.com/watch?v=qVkTMu6s-Fc
- 未来の科学者たちへ #12「ネオジム磁石の弱点」
　https://www.youtube.com/watch?v=k4dCxIjcXJI&t=71s

COLUMN

未来の科学と未来の世界

　SF では，今よりも科学や技術がずっと進んだ未来の世界がたびたび登場します．ウィキペディアによると 1950 年代に発表された『鉄腕アトム』の時代設定は 2003 年で，アトムは小型の原子炉を動力源として動いています．『ドラえもん』(70 年代) ではドラえもんの誕生が 2112 年で何を食べてもエネルギーに変換できる「原子ろ」を動力源としているようです．『機動戦士ガンダム』(80 年代) はどれぐらいの未来かわかりませんが，動力源は小型の核融合炉のようです．そのほか，現代にはタイレル社もなくレプリカントもいませんが，『ブレードランナー』(80 年代) の時代設定は 2019 年です．『未来世紀ブラジル』は未来のようで 20 世紀が舞台です．『エイリアン』の時代設定は 2122 年なので，リプリーとドラえもんは同時代に生きていることになります．エイリアン対ドラえもん対プレデターもあり得るかも．こうやって同一時間軸上に SF の世界を重ねてゆくと，未来科学像の最大公約数が見つかるかもしれません．

　すぐにこれら SF の世界が現実になるわけではありませんが，これからの科学と技術は，間違いなく今よりも進歩してゆくはずです．その時，世界は今よりも良い世界になっているでしょうか．それとも，『風の谷のナウシカ』(火の 7 日間) や『北斗の拳』(核戦争) のように文明は崩壊しているでしょうか．

　この本を手に取っていただいた方々は科学や技術に理解があり，興味のある方々だと思います．いくつかの実験をやってみたという方もいるかもしれません．未来はどうなるのか，その答えになっているかわかりませんが，少しずつでも科学と技術に関心を持ち，それらが作る未来について考える，そんな方々が増えてゆけば，私たちの未来は科学と技術を良く使った良い未来になるはずと私は信じています．

あとがき
―NIMS における体験学習―

　NIMS では約 800 人の研究者がいろいろな物質や材料の研究に取り組んでいます．NIMS の研究者のミッションは，国民の生活を安全・安心に保つための材料を開発することです．今までの研究成果としては，白色 LED 照明に欠かせないサイアロン蛍光体，発電所の安全・安心を維持するためのクリープデータシート，ジェットエンジンに使われているニッケル基超合金などがあげられます．これら材料を含め地球上にあるものすべては，周期表上にある元素で構成されています．現在では 100 種類以上の元素が発見されていますが，その多くを占めているのが金属元素です．これら金属はどれも似ていると思っている人も多いかもしれませんが，よく見ると金属と言ってもさまざまな性質を持っていることをわかってもらえたのではないでしょうか．例えば磁石につく金属はいくつありましたか？　重さ (比重) はどれも同じでしたか？　色はどうでしょうか？　考えてみると，意外に多くの違いがあるのに気付いたのではないでしょうか．そして，この本で取り上げた実験を通して私たちの暮らしの中で当たり前のように使われている材料をもう一度見直してみてください．なぜその材料はそこに使われているのでしょうか．そこには新たな発見の種がたくさん含まれているはずです．

　2014 年 10 校 215 名，2015 年 17 校 450 名，2016 年 19 校 523 名，2017 年 22 校 522 名，2018 年 22 校 667 名，2019 年 40 校 1142 名．これらの数字は NIMS に体験学習に来た学校の数と参加者数です．このように参加人数は年々増え，毎年来ていただける学校も増え，年間で 1000 人を超えるようになってきました．そして，ここで紹介した実験を中心として　緒に体験学習を行っています．これに加えて，日本科学技術振興機構が主催のサ

マーサイエンスキャンプ（2014年に終了してしまいました）や各自治体が主催したイベントなどでNIMSは積極的に実験講座や体験学習を行ってきました．体験学習で実験ができる時間は限られていますが，その中で色々なことを体験し，何かを発見して，実際の研究の雰囲気を感じてもらえるようなプログラムになるように頑張っています．大切なことは，座学のみで終わらせず，実際に装置に触れて操作してもらうことです．サマーサイエンスキャンプでは，シャルピー試験機，引張試験機，電子顕微鏡のように研究所に来なければ体験できない装置も使っていました．これらの体験学習を通して，各研究者の研究への熱い思いも感じてもらえるのではないかと思っています．そして，その結果，もっと探究したいと，研究者の道を目指す生徒が現れてくれるとよいと思っています．

　ここで少しだけ，サイエンスキャンプに参加した生徒の感想を紹介します．サイエンスキャンプでは，初日と2日目に一緒に実験を行い，最終日の3日目に班別で研究発表するという濃密な実験プログラムを行っていました．

・今回のキャンプではいろいろな人にお世話になりました．話をしてくれたり，質問に答えてくれた先生方．最終日レポート作成につきっきりで見てくれた大学院生，本当に皆さんに感謝しています．

・短い期間でしたが，大変有意義な時間を過ごすことができました．高校ではできない実験や高度な機械を自分で操作できたことが何より貴重な体験でした．このキャンプで，物質・材料の研究についてもっと興味がわいてきました．これから，自分の夢に向かってがんばっていきたいです．

・このキャンプで出身地も違う初めて出会う人たちと交流し，友だちもでき沖縄の小さい中しか見ていなかった私の視野が広がり，人前で話すことが苦手だった私が，積極的に自ら人前に立ち，その場で自分の思いや考えなどを話せたことは，このキャンプでの経験が私を成長させたと思います．これからもこのキャンプでの経験を自信に自分の将来へ向けて頑張っていきたいです．

　体験学習に関して私たちもうまくできないことも多く，試行錯誤の連続

なのですが，私たちの思いが少しでも伝わっているのではないかなと思っています．

　本書はこれら NIMS がこれまで行ってきた体験学習の中の一部の実験を整理したものです．熱・電気伝導という基礎的な材料の特性から始まり，磁性，材料の強さ，熱処理，鋳造，機能性といういろいろな材料研究の領域を俯瞰してきました．しかし，ここで紹介した材料実験は自然科学という広い領域のほんの一部で，物質・材料にはここで取り上げられていないおもしろい特徴・現象がまだまだあります．さらに，それら材料を実際に使うために高度な技術が用いられています．残念ながら，今回はそれらを紹介できませんでしたが，近い将来にその機会があればと思っています．

　最後に，この本を読んでいる未来の科学者の皆さんへのメッセージです．新聞・雑誌などでは華々しい研究の成果だけが紹介されることが多いのですが，多くの研究の過程では，多くの人が毎日悩みながら，地道に試行錯誤と工夫を重ねています．一生懸命やったのにそのほとんどが無駄になってしまうこともあります．ですが，その一番最後に，今まで世の中にないものを作り出すことができた時には，大きな喜びが待っています．これが研究の楽しさであり，醍醐味だと思います．この本を読んだ皆さんが，ここに収録されている実験を通して少しでも材料や材料の研究に興味を持ち始めてもらえたら，そしてその中から未来の科学者が生まれたとしたら，それはこの本の執筆者全員にとって大きな喜びです．

　NIMS では，この本書の内容を体験学習プログラムとして実施しています．興味のある方は NIMS 広報室までご相談ください．この本書で紹介した実験を中心に，一緒に体験学習を行っています．また，NIMS のホームページでは「未来の科学者たちへ」や「鮮やか！実験映像」など，たくさんの実験動画を公開していますので，あわせてご覧いただければと思います．以下にそれらウェブサイトを紹介しておきます．

NIMS ムービーライブラリー

・未来の科学者たちへ
  https://www.nims.go.jp/publicity/digital/movie/mirai_scientists.html
・最新研究映像 NIMS の力！
  https://www.nims.go.jp/publicity/digital/movie/power_of_nims.html
・NIMS に驚く！ムービー
  https://www.nims.go.jp/publicity/digital/movie/nims.html
・鮮やか！実験映像
  https://www.nims.go.jp/publicity/digital/movie/experiment.html
・佐藤雅彦，ユーフラテス，NIMS（物質・材料研究機構），このスプーンは，結構うるさい DVD ブック，小学館，（2020）．

　この書籍が形になるまでには，本当に多くの方々にかかわっていただいています．内容がわかりやすくなるように多くの NIMS の研究者・技術者の皆さんに精読をお願いしましたし，ここに取り上げた実験を実際に手伝っていただいた方もたくさんいます．そして，NIMS 広報室の三好摩耶さん，藤原梨恵さん，吉田佳代さん，中道康文さんには，多くの貴重な意見をいただきました。本書が少しでも読みやすくわかりやすくなっているとしたらこの 4 人のおかげです．カバーデザインは根本祥子さんに手伝ってもらいました．また，NIMS がサイエンスキャンプに参加した初期から長年にわたって精力的に体験学習を進めてきた同広報室の宗木政一さん（2018 年退職）には，本書の内容を体験学習に取り入れるように勧めていただき，さらに実際の体験学習でもいつも実験のお手伝いをしていただきました．ここでこの本に係っていただいたすべての方々に感謝したいと思います．

執筆者を代表して
阿部太一

索　引

執筆者一覧・略歴（50音順）

阿部太一　あべ・たいち　ABE Taichi（1.3節，2.1節，3.2節）

1992 東海大学大学院工学研究科修士課程修了，同年 科学技術庁金属材料技術研究所（現 物質・材料研究機構）入所．現在，同 構造材料研究拠点 主席研究員．この間 2002-2003 スウェーデン王立工科大学客員研究員．博士（工学）．

有沢俊一　ありさわ・しゅんいち　ARISAWA Shunichi（1.1節）

1993 東京大学大学院工学系研究科博士課程修了（材料学）．同年 科学技術庁金属材料技術研究所．1997-98 ジュネーブ大学在外派遣．改組を経て現在，物質・材料研究機構 経営企画部門 部門長．博士（工学）．

江村　聡　えむら・さとし　EMURA Satoshi（2.2節）

1991 東京大学大学院工学系研究科修士課程修了（金属材料学），同年 科学技術庁金属材料技術研究所入所，2000-01 ドイツ航空宇宙センター材料研究所客員研究員，改組を経て現在，物質・材料研究機構 構造材料研究拠点 主幹研究員．博士（工学）．

大出真知子　おおで・まちこ　ODE Machiko（3.1節）

2002 東京大学工学系研究科金属工学専攻博士後期課程修了，2001-2003 日本学術振興会特別研究員，現在，物質・材料研究機構 構造材料研究拠点 主任研究員．博士（工学）．

大沼郁雄　おおぬま・いくお　OHNUMA Ikuo（2.5節）

1993 東北大学大学院工学研究科材料物性学専攻博士課程前期2年の課程修了，2006 東北大学大学院工学研究科金属フロンティア工学専攻准教授，2015 物質・材料研究機構 構造材料研究拠点 主席研究員，2016 グループリーダー，現在，同上席研究員．博士（工学）．

小野嘉則　おの・よしのり　ONO Yoshinori（2.3節）

2001 九州大学大学院工学研究科材料物性工学専攻博士後期課程修了．同年 物質・材料研究機構，現在，同 構造材料研究拠点 主幹研究員．博士（工学）．

小森和範　こもり・かずのり　KOMORI Kazunori（1.2節，2.4節）

1990 早稲田大学大学院理工学研究科修士課程修了（資源及び材料工学），同年 科学技術庁金属材料技術研究所入所，2003-2006 文部科学省ナノテクノロジー総合支援プロジェクトセンターを経て，現在，物質・材料研究機構 機能性材料研究拠点 主幹研究員．2008 広報室運営主幹を兼務，現在に至る．

戸田佳明　とだ・よしあき　TODA Yoshiaki（2.3節）

2000 名古屋工業大学大学院物質工学専攻博士後期課程修了．同年 科学技術庁金属材料技術研究所入所，現在，物質・材料研究機構 構造材料研究拠点 主幹研究員．博士（工学）．

やってみよう！NIMS の材料実験

2021 年 11 月 25 日　初版第 1 刷発行

著　　　者　　国立研究開発法人 物質・材料研究機構

発 行 者　　島田　保江

発 行 所　　株式会社アグネ技術センター

〒 107-0062　東京都港区南青山 5-1-25

電話　(03) 3409-5329 ／ FAX　(03) 3409-8237

振替　00180-8-41975

URL https://www.agne.co.jp/books/

印刷・製本　　株式会社平河工業社

©NIMS, Printed in Japan 2021
ISBN 978-4-86707-007-9 C3043